全国职业培训推荐教材
人力资源和社会保障部教材办公室评审通过
适合于职业技能短期培训使用

美容基本技能

(第二版)

中国劳动社会保障出版社

图书在版编目(CIP)数据

美容基本技能 / 黄芳主编. —2版. —北京：中国劳动社会保障出版社，2009
职业技能短期培训教材
ISBN 978-7-5045-7824-2

Ⅰ.美… Ⅱ.黄… Ⅲ.美容-技术培训-教材 Ⅳ.TS974.1

中国版本图书馆 CIP 数据核字（2009）第 036592 号

中国劳动社会保障出版社出版发行
（北京市惠新东街 1 号 邮政编码：100029）
出 版 人：张梦欣

*

北京市科星印刷有限责任公司印刷装订　新华书店经销
850 毫米×1168 毫米　32 开本　3.75 印张　92 千字
2009 年 3 月第 2 版　2022 年 3 月第 25 次印刷
定价：8.00 元
读者服务部电话：（010）64929211/84209101/64921644
营销中心电话：（010）64962347
出版社网址：http://www.class.com.cn
http://jg.class.com.cn

版权专有　　侵权必究
如有印装差错，请与本社联系调换：（010）81211666
我社将与版权执法机关配合，大力打击盗印、销售和使用盗版图书活动，敬请广大读者协助举报，经查实将给予举报者奖励。
举报电话：（010）64954652

前言

职业技能培训是提高劳动者知识与技能水平、增强劳动者就业能力的有效措施。职业技能短期培训，能够在短期内使受培训者掌握一门技能，达到上岗要求，顺利实现就业。

为了适应开展职业技能短期培训的需要，促进短期培训向规范化发展，提高培训质量，中国劳动社会保障出版社组织编写了职业技能短期培训系列教材，涉及二产和三产百余种职业（工种）。在组织编写教材的过程中，以相应职业（工种）的国家职业标准和岗位要求为依据，并力求使教材具有以下特点：

短。教材适合15～30天的短期培训，在较短的时间内，让受培训者掌握一种技能，从而实现就业。

薄。教材厚度薄，字数一般在10万字左右。教材中只讲述必要的知识和技能，不详细介绍有关的理论，避免多而全，强调有用和实用，从而将最有效的技能传授给受培训者。

易。内容通俗，图文并茂，容易学习和掌握。教材以技能操作和技能培养为主线，用图文相结合的方式，通过实例，一步步地介绍各项操作技能，便于学习、理解和对照操作。

这套教材适合于各级各类职业学校、职业培训机构在开展职业技能短期培训时使用。欢迎职业学校、培训机构和读者对教材中存在的不足之处提出宝贵意见和建议。

人力资源和社会保障部教材办公室

简介

本书在第一版《美容基本技能》的基础上修订，针对职业技能短期培训学员的特点，围绕当前美容师的实际工作内容构建知识体系，形成了面部皮肤护理、美容按摩、基础美容化妆和修饰美容四大任务化单元。各单元内容完整、技能突出、图文并茂、形象直观，有助于学员形成对各类美容技能的完整认识，具有较强的实用性，改变了传统教材倾向理论化、学科化，与岗位实际脱节的弊端，拉近了培训与实际岗位的距离，能较好地实现学员操作能力和应用水平的提高。

通过本书的学习，培训学员能够从事美容相关岗位的工作。

本书主编黄芳，副主编曹锐、董宝强，李宝岩、曹铁军、李成林、孙璐洁参编。

目录

第一单元　面部皮肤护理 …………………………………（ 1 ）

- 模块一　护理前的准备工作 ………………………………（ 1 ）
- 模块二　皮肤分析诊断 ……………………………………（ 5 ）
- 模块三　面部清洁 …………………………………………（ 15 ）
- 模块四　面膜美容 …………………………………………（ 25 ）
- 模块五　面部滋润营养 ……………………………………（ 32 ）
- 模块六　问题皮肤护理 ……………………………………（ 37 ）

第二单元　美容按摩 ………………………………………（ 47 ）

- 模块一　美容按摩相关医学知识 …………………………（ 47 ）
- 模块二　面部美容按摩 ……………………………………（ 54 ）
- 模块三　头、颈、肩部按摩 ………………………………（ 61 ）

第三单元　基础美容化妆 …………………………………（ 65 ）

- 模块一　化妆基本功训练 …………………………………（ 65 ）
- 模块二　化妆基本程序 ……………………………………（ 69 ）
- 模块三　不同脸形的妆型设计 ……………………………（ 84 ）
- 模块四　日妆与晚妆 ………………………………………（ 92 ）

第四单元　修饰美容 ………………………………………（ 97 ）

- 模块一　手部护理 …………………………………………（ 97 ）
- 模块二　指甲修理 …………………………………………（100）
- 模块三　脱毛术 ……………………………………………（103）
- 模块四　穿耳孔 ……………………………………………（109）
- 模块五　烫睫毛 ……………………………………………（111）

第一单元　面部皮肤护理

面部皮肤护理是面部美容的方法之一，它通过对皮肤的清洁、营养、滋润和按摩达到美容护肤的目的。

面部皮肤护理基本程序如下：

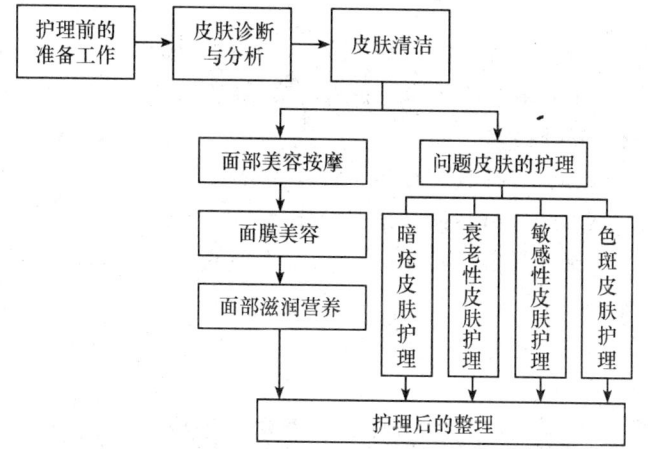

以下逐一分析面部护理基本程序中的各步操作，面部美容按摩将在本书第二单元"美容按摩"中详细介绍。

模块一　护理前的准备工作

一、美容师自身准备

美容师工作前应做好自身的准备工作：

1. 漱口，化淡妆。

2. 着工作服，穿工作鞋。

3. 修甲，洗手，如手部佩戴首饰应摘除。

4. 将手机等通信工具置于总台，请值班人员负责接听和记录。

5. 佩戴口罩，消毒双手。

二、美容用品用具、仪器设备的准备

为保证护理工作的正常进行，美容师在日常工作开始之前应做好以下工作：

1. 检查仪器设备的性能是否正常，如有故障应及时想办法排除。

2. 准备一般性的用品用具，如面盘、面巾、纸巾、棉签、垃圾袋等，并将准备好的用品用具按照规定放置于小推车上。

三、安顿顾客

1. 请客人换拖鞋，存包，更换美容袍。

2. 请客人脱鞋，仰卧于美容床上。

3. 为客人盖好毛巾被，并为客人包头，包头的具体操作方法如图 1—1 所示。

4. 另取一条毛巾，盖在客人胸前，以暴露锁骨为度，如图 1—2 所示。

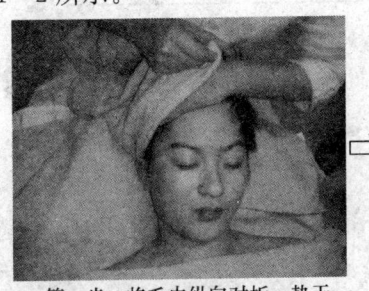

第一步：将毛巾纵向对折，垫于头部下方，将一端折起，遮住前额及头发

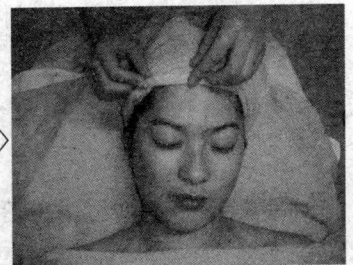

第二步：翻转另一端，压住对侧，将上方毛巾边翻角翻折，压在下方毛巾之下

图 1—1 包头操作方法

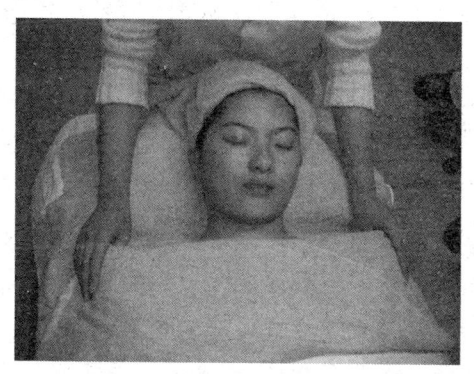

图1—2 为客人盖好胸前的毛巾

5. 预热离子喷雾仪。

6. 按照顾客的要求和顾客的实际需要,有针对性地为顾客配备合适的护肤品,整齐地摆放在方便拿放的位置,然后向面盆内注入清水,放入洗面扑,置于小推车上,如图1—3所示。

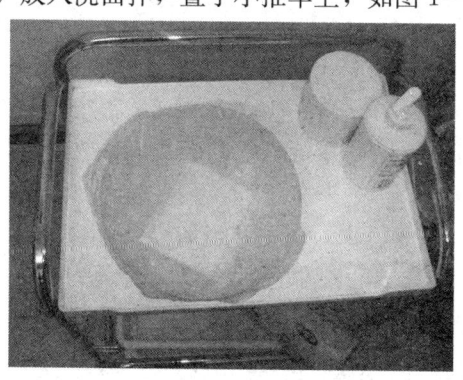

图1—3 推车上物品的摆放

 知识链接

离子喷雾仪的使用方法

离子喷雾仪由蒸汽发生器和臭氧灯构成，可产生普通蒸汽喷雾和离子喷雾，具有促使皮肤温度升高进而促进皮肤血液循环、软化角质层、增加皮肤通透性进而促进皮肤新陈代谢产物的排泄、补充细胞水分和杀菌消炎等作用。离子喷雾仪种类繁多，首次使用时应仔细查看说明书。其一般操作方法如下：

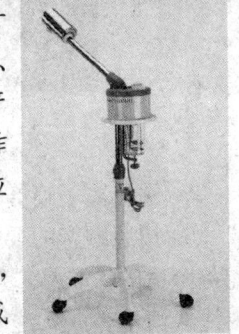

1. 将水注入烧杯至红色标准线下，如果没有标红线则注至容器的4/5或2/3处。

2. 接通电源后，打开红色开关，水沸腾后产生普通蒸汽，此时，因人而异调好喷口方向及其与脸部的距离。接通绿色开关时，产生的是离子喷雾（必须等普通蒸汽产生后才能按绿色开关）。

3. 喷口应该自客人额部往脸的方向喷射，美容师不得离开仪器，以防客人出现不适。

4. 要定时清洗仪器，注水低于最低标准线时应及时加水。

5. 根据不同皮肤的性质，采用合适的距离和时间以及奥桑气体（臭氧和水蒸气的混合气体）时间，具体原则如下：

·中性皮肤：蒸汽时间8~10分钟，离子喷雾时间2分钟，与面部距离30厘米。

·干性皮肤：蒸汽时间8~10分钟，离子喷雾时间1分钟，与面部距离30厘米。

- 油性皮肤：蒸汽时间 10 分钟，离子喷雾时间 3～4 分钟，与面部距离 25 厘米。
- 敏感性皮肤：蒸汽时间 5 分钟，离子喷雾时间 1 分钟，与面部距离 35 厘米。
- 暗疮皮肤：蒸汽时间 10 分钟，离子喷雾时间 5 分钟，与面部距离 25 厘米。
- 色斑皮肤：蒸汽时间 8 分钟，与面部距离 30 厘米，该类皮肤不宜作离子喷雾。

6. 蒸汽结束后及时关闭电源。

模块二 皮肤分析诊断

皮肤分析诊断是美容师通过观察、测试等方法，对顾客皮肤状况进行判断，并根据顾客皮肤具体情况制订护理计划的过程。对于新顾客，美容师首先应对顾客面部局部皮肤进行清洁，做皮肤分析诊断，这一环节诊断得正确与否直接关系到后续的整个护理操作过程及护理效果。

为保证皮肤分析诊断的效果，美容师必须了解基本的皮肤相关知识，掌握相应的诊断方法。

一、皮肤的分层结构

皮肤由外到内共分为表皮、真皮以及皮下组织三层，如图 1—4 所示。

1. 表皮

表皮是皮肤的最外一层，全层平均厚度约为 0.1～2 毫米，该层内没有血管，有神经末梢，可感知外界刺激，产生触觉、痛温觉、压力觉等感觉。从表面到基底，表皮可分为角质层、透明

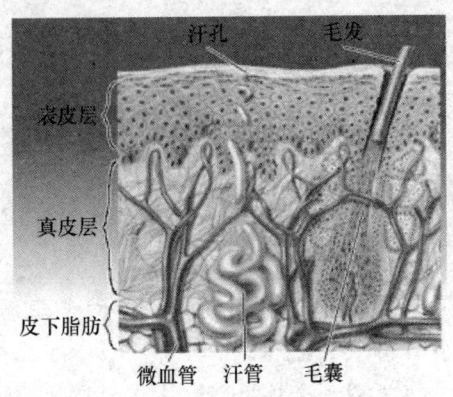

图 1—4 皮肤的分层组织

层、颗粒层、棘层和基底细胞层共五层。

(1) 角质层的厚薄对人的肤色和皮肤的吸收能力有一定影响。角质层过厚，则皮肤看上去发黄，没有光泽，吸收能力也较差，在护理时可利用磨砂或去死皮方法将过厚角质细胞去除，以保持皮肤的细嫩；角质层过薄，则皮肤对外界刺激的敏感性增强，容易出现红血丝。

(2) 透明层仅见于角质层肥厚的表皮，位于颗粒层上方。它是防止水及电解质通过的屏障。

(3) 颗粒层能使光线折射，起到屏障作用，防止紫外线深入皮内。

(4) 棘层是表皮层中最厚的一层，由8～12层多角形细胞构成，细胞之间有淋巴液流通，可供给表皮营养。

(5) 基底细胞层具有产生新细胞的功能，细胞内含有棕褐色的色素颗粒，皮肤的颜色就是由色素颗粒的多少来决定的。

从一个基底细胞产生，到角质细胞慢慢变成皮屑而脱落，一般需要28天，因表皮再生功能强，所以伤及表皮时一般不留疤痕。

2. 真皮

真皮位于表皮和皮下组织之间，由结缔组织构成，主要由胶原纤维和弹性纤维蛋白成分组成。身体各部位真皮厚度不同，平均为1～2毫米。

3. 皮下组织

皮下组织位于皮肤最深层，其厚度约为真皮的5倍，主要由大量的脂肪细胞和结缔组织构成，含丰富的血管、神经、汗腺等，可保温防寒、保护皮肤。它将皮肤与深部的组织连接在一起，并使皮肤有一定的可动性，皮下组织随个体、年龄、营养及所在部位的不同而有较大差别。人体健美、丰满与否与真皮和皮下组织关系密切。

二、皮肤的附属器

皮肤的附属器有皮脂腺、毛囊、汗腺、毛发、指（趾）甲等，其中皮脂腺连接毛囊，能分泌油脂，令毛发不致干燥。在真皮表层的脂肪可令皮肤柔软，但过剩的油脂分泌则可能形成黑头粉刺。除手掌、足底外，皮脂腺分布在人体全身各处，但以头面部、背部、躯干部中线较多，特别是前额、眉间、鼻翼、鼻唇沟等处最多。皮脂腺应当分泌适中，如果分泌过多则易发生暗疮、脂溢性皮炎或脱发；分泌过少则皮肤易失去光泽，头发易断。

三、皮肤的基本属性

1. 皮肤的厚度

皮肤的厚度约为0.5～4毫米，若不含皮下组织，全身皮肤平均厚度约为2毫米。全身不同部位的皮肤厚度差别较大，一般上眼睑皮肤厚度约为0.6毫米，面颊皮肤厚度约为1毫米，额部皮肤厚度约为1.5毫米。

2. 皮肤的透明度

皮肤具有一定的透明度。透明度高则肤色鲜艳亮丽。皮肤的透明度与诸多因素有关，包括角质层厚度、表皮厚度和性质、皮肤充实性、表皮内黑色素量、真皮内含水量、皮下脂肪量以及睡眠和身体状况等。

3. 皮肤的颜色和反光性

皮肤的颜色和深浅取决于皮肤内黑色素和胡萝卜素含量的多少、真皮内血液供应的情况以及表皮的厚薄。每个人的皮肤颜色会有差异。另外，皮肤本身具有一定的反光性，肤色越白，反光性越强。女性皮肤反射率通常高于男性约5%～6%。良好的面部皮肤护理可以有效改善面部微循环，从而改善肤色。

4. 皮肤的吸收功能

即皮肤吸收外界物质的能力，人体不同部位的皮肤，其吸收功能存在差异，面部鼻翼两侧最容易吸收，上额与下颌次之，两侧面颊皮肤最差。

正常皮肤能吸收外界物质，主要有两条途径：一是角质层吸收，约占整个皮肤吸收的90%；二是皮肤附属器吸收，约占整个皮肤吸收的10%。角质层吸收的绝大多数是脂溶性物质，如维生素A、维生素D、维生素E等，它们可被皮肤完全吸收，且吸收速度较快，因此，在一些护肤品中常加入能被皮肤吸收的各种营养物质。而皮肤附属器吸收则以水溶性物质为主。

5. 皮肤的pH值

pH值是体现某溶液或物质酸碱度的表示方法。pH值分为0～14范围，一般0～7属酸性，7～14属碱性，7为中性。正常健康人的皮肤pH值在5.0～5.6之间，属弱酸性，男性比女性低0.5左右。弱酸性的皮肤有较强的营养吸收能力，能抑制细菌生长并能自净，对碱性物质有较好的缓冲作用，此时皮肤的弹性、光泽、水分等都处于最佳状态。

皮肤pH值长期大于5.6，皮肤的碱中和能力就会减弱，最终导致皮肤衰老和受损。这时就需要检测皮肤的pH值，选择适宜的护肤品，使皮肤pH值保持在5.0～5.6之间，皮肤才会呈现最佳状态，真正达到更美、更健康的效果，任何一种护肤方式都应遵循这一原则。

6. 皮肤的湿润程度

皮肤本身的含水量是很高的，年轻人皮肤的含水量约占人体含水量的20%。对皮肤来说，皮肤的含水量是皮肤重量的70%。表皮角质层的主要成分是角质蛋白，它是一种吸水性很强的蛋白质，其含水量为15%～25%。如果含水量低于10%，皮肤就会干燥；如果高于25%，则皮肤容易起红斑，发痒。

7. 皮肤的弹性

富有弹性的皮肤是防止皮肤松弛和皱纹生长的先决条件。青年人皮肤脂肪丰满，真皮弹力纤维和胶原纤维数量多，因此，肌肉饱满，富有弹性，皮肤光滑、红润、平整；而如果皮肤脂肪少，皮肤会变薄，真皮弹力纤维和胶原纤维缩短、变性、失去弹性，肌肉就会出现松弛，也就容易出现皱纹。

四、皮肤的分类

皮肤通常可被分为中性皮肤（正常皮肤）、油性皮肤、干性皮肤、混合性皮肤和敏感性皮肤五种类型。此外，还有衰老性皮肤和问题性皮肤两大类。

1. 中性皮肤

中性皮肤是一种正常的健康理想的皮肤，其特点如下：

肤色较浅，pH值在5.0～5.6之间，多见于发育前的少男少女和婴幼儿，极少数能保持到中年。

2. 油性皮肤

油性皮肤的特点如下：

一般情况下，肤色较深，角质层细胞中有正常的水分，但皮脂分泌量大，易产生暗疮，其pH值大多在4以下，年龄主要分布在青年至中年，男性多于女性。

由于油性皮肤皮脂量分泌不同，毛孔堵塞情况不一样，产生的暗疮轻重不同，油性皮肤还可细分为偏油性皮肤、典型油性皮肤、超油性皮肤和缺水性油性皮肤等类型。

3. 干性皮肤

干性皮肤的特点如下：

一般情况下，表皮较脆薄，肤色较暗淡无光，皮肤角质层含水量低，皮脂分泌明显不足，缺少水分和油分，因此多显干燥，其pH值在7以上；

年龄分布最广，包括幼年至老年各阶段，女性比例大于男性。

干性皮肤因缺水或缺油及其程度不同还可细分为偏干性皮肤、典型干性皮肤、脱水性干性皮肤三种类型。

4. 混合性皮肤

混合性皮肤的特点如下：

介于油性皮肤与干性皮肤之间，具有油性皮肤与干性皮肤的混合表现；

以"T"区或三角区显现油性，而眼部、前额及脸颊部位显现干性为主要特征；

年龄多在25～35岁之间，且南方地区居多；

可长粉刺，也可长色斑、皱纹或其他瑕疵；

在皮肤检测仪下观察，可同时出现干性皮肤和油性皮肤的特征。

混合性皮肤大多油性区域与干性区域分界明显，但也有的不能明显划分区域，因此可分为区域混合性与整体混合性两种，各自特点如下：

（1）区域混合性皮肤。该类皮肤又可细分为混合偏干、混合偏油和典型混合三种。

混合偏干性皮肤多数部位显现干性，只有眉间或鼻中心区少数部位显现油性。

混合偏油性皮肤多数部位显现油性，只有眼部、眼后区或额上部、两颊后侧少数部位显现干性。

典型混合性皮肤"T"区油性与周边干性反差极大，油区明显毛孔粗大、白头堵塞，而"T"区明显干燥、脱皮或有皱纹。

（2）整体混合性皮肤。此类皮肤的特点如下：

毛孔粗大，整体缺水干燥、肌肤松垂、暗淡无光。

5. 敏感性皮肤

敏感性皮肤对外界的多种刺激（如阳光、气候、尘埃、化妆品、药物等）较为敏感，易出现敏感反应，随着地球环境等因素的改变，表现为敏感性皮肤的人越来越多，年龄贯穿婴幼儿至成年的各个阶段。

敏感性皮肤的特点如下：

皮肤对外界刺激较敏感，易出现皮肤红、肿、痒、刺痛、皮疹、水疱等过敏现象；

皮肤多较嫩薄，毛细血管浮显，易潮红；

皮肤耐受力差，遇过敏原易产生过敏现象；

在皮肤检测仪下观察，可见到微小血管或血丝，皮肤超薄、透明或毛孔粗大、纹理粗糙；

药物、花粉、化妆品（口红、祛斑类、减肥类、染发剂、香水等）、化学物质（油漆等）、动物皮毛、海产品（虾、蟹等）、植物（芒果、漆树等）、冷、热、金属等均可诱发过敏；

一般春季多诱发敏感性皮肤。

6. 衰老性皮肤

皮肤一旦出现系统衰老性特征的表现，即可诊断为衰老性皮肤。皮肤衰老与年龄不完全一致，如果年龄未到而提早出现皮肤衰老，称为早衰性皮肤。

衰老性皮肤的特点如下：

皮肤缺水而干燥、暗淡无光、发灰、发黄；

皮脂分泌量少，皱纹明显、皮肤松弛、下垂；

皮肤变薄变硬，角质层增厚，色素失调，产生黑斑、白斑或老年斑；

皮肤萎缩、不饱满，弹性降低，皱襞加深，干燥、起皮、发痒或出现浮肿；

皮肤适应力、抵抗力、再生修复力均下降，易感染或过敏，伤口不易愈合；

与年龄关系密切，多见于中老年人及多愁善感的妇女；

在皮肤检测仪下可见到三角纹理不清楚，皮丘、皮沟消失，颜色暗淡老化，皱纹明显增多。

7. 问题性皮肤

凡出现有斑疹、丘疹、结节、水疱、风团、鳞屑、溃疡、痂皮、瘢痕、色素沉着等症状的损伤面容的皮肤统称为问题性皮肤，也可称为损容性皮肤。

其特点如下：

色素障碍：色素障碍是影响皮肤颜色、光泽和滋润程度的重要因素，可分为色素沉着与色素脱失两类，前者较正常的肤色更深，呈暗黄色、褐色、紫色、青灰色或蓝黑色。后者较正常肤色浅，呈青白或黄白色。

隆起高出皮面：如丘疹、结节、脓包、囊肿等隆起而使皮肤凸凹不平，破坏皮肤光泽平滑状态。

影响皮肤弹性：如瘢痕、皮肤硬化病等问题，可以导致皮肤弹力纤维发生断裂，影响皮肤弹性。

形成皮肤创面：如皮肤的溃疡、创伤等原因，可以形成皮肤创面，影响整体效果。

五、皮肤类型的测定

1. 目测指触法

即应用眼睛视觉和指腹的触感，在充足的光线下，观察皮肤的类型、细腻度、弹性以及损容性症状等。

2. 仪器透视法

美容院进行皮肤测试常用的仪器及其使用方法如下：

（1）放大镜。用美容放大镜仔细检查皮肤的属性、瑕疵以及皮肤的白头或黑头粉刺等。

（2）透视灯（活特氏灯）。清洁皮肤后用棉片盖住顾客眼睛并打开透视灯（滤过紫外灯），将灯面距离皮肤15～20厘米进行照射，然后根据皮肤在灯下所示的情况分析判断皮肤类型。

（3）便携式水分油分检测仪。将检测仪直接靠近皮肤，检测各种皮肤油分和水分的多少，以便更科学、更合理地断定皮肤的属性。

（4）微电脑皮肤测试仪。也称光纤显微皮肤、毛发成像检测仪，由紫外线光管和放大镜构成。利用光纤显微技术，通过足够的放大倍数，直视皮肤基底层，即时成像，透过彩色银幕，使顾客亲眼目睹自己皮肤与毛发的受损情况，断定皮肤的性质及其瑕疵情况。

 知识链接

皮肤测试仪的使用方法

全面清洁面部皮肤后，用湿棉片覆盖眼部，手持测试仪灯管朝向顾客，水平面置于顾客面部，测试仪与面部间距为15～20厘米，观察皮肤颜色特征，以便区别各种类型皮肤。各类皮肤颜色特征如下：

- 健康中性皮肤——青白色；
- 油性皮肤——青黄色；
- 干性皮肤——青紫色；
- 超干性皮肤——深紫色；
- 粉刺皮脂部位——橙黄色；
- 粉刺化脓部位——淡黄色；

皮肤测试仪

- 色素沉着部位——褐色、暗褐色；
- 敏感皮肤——紫色；
- 表面角质老化——悬浮的白色；
- 灰尘或化妆品的痕迹——亮点。

使用过程中须注意：检测完毕及时关闭开关，切断电源；测试前必须用湿棉片覆盖顾客眼部，以免视觉疲劳；测试时间最长不能超过 2 分钟，避免出现色斑，或使之加重；掌握好测试仪与顾客面部距离，不能近于 15 厘米，以免引起光敏性皮炎；有面部色斑者不宜使用。

六、肤值的计算与应用

人的皮肤性质并非稳定不变，而是随着气候、生活环境、身心状态、年龄的变化等因素而变化的，因此，要综合多方面因素来判断。另外，皮肤虽然有不同的类型和细分类，但是互相之间并非没有联系，多数人的皮肤往往在不同部位呈现不同的皮肤性质。因此，要想及时掌握皮肤性质，就需要根据实际情况测定，以便采用合适的护肤方法。在此介绍一种计算肤值的方法用以判断皮肤性质，具体参数的取值见表1—1，其计算公式为：

合计值＝年龄肤值＋皮肤性质肤值＋季节肤值

1. 合计值为 0~1 者，采取油性皮肤保养方法。

表 1—1　　　　　　肤值计算表

肤值	年龄	皮肤性质	季节
0	20 岁以下	油性	夏季
1	21~30 岁	中性	春、秋季
2	30 岁以上	干性	冬季

2. 合计值为 2~3 者，采取中性皮肤保养方法。
3. 合计值为 4~6 者，采取干性皮肤保养方法。

例如，某女性，年龄41岁，天生皮肤性质为油性，欲寻求冬季皮肤的保养方法。

根据以上计算公式，该女性合计值为 2＋0＋2＝4，那么，该女性在冬季应该采取干性皮肤保养方法进行保养。

模块三　面部清洁

清洁皮肤主要是为了清除皮肤表面的污垢，如灰尘、细菌、老化角质、化妆品、汗液、油脂等，保持汗腺和皮脂腺畅通，促进新陈代谢，促进营养物质的吸收。顾客在进行护理前，必须彻底清洁皮肤。而作为美容师，则必须了解洁肤类化妆品的性能，能够正确选择和使用各种洁肤类化妆品，掌握面部清洁的操作方法。面部清洁的一般步骤为：

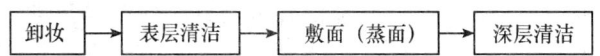

一、洁肤类化妆品的种类和性能

洁肤类化妆品主要是利用洁肤产品的有效成分除掉水洗不干净的，附在皮肤表面上的皮脂、老化的角质细胞、汗液、化妆品留下的残脂余粉及污垢等，并利用摩擦或溶解方式去除死亡的角质细胞以及不溶于水的油脂物质，起到调节皮肤pH值、促进皮肤血液循环和新陈代谢等作用，为下一步护理做好准备。洁肤类化妆品主要分以下几类：

1. 香皂类

香皂类洁肤产品据其作用和成分不同，主要分为以下几种：
（1）一般香皂。泡沫丰富，去污力强，适用于水溶性污垢较多的皮肤。
（2）软香皂。含高级脂肪酸钾盐，水溶性好，也称液体香皂。

（3）透明香皂。质地细腻温和，含碱量低，有保护皮肤的羊毛脂及保湿成分，还可滋润皮肤。因加入了能使之透明的成分，不但美观柔软透明，而且有保湿作用。

（4）护肤香皂。在一般香皂中加入羊毛脂等护肤性物质，用后可在皮肤表面留下一层油膜，使皮肤有滋润感觉。

（5）药皂。含有一定量的苯酚化合物或一些具有杀菌作用的成分，所以多显一定颜色且具有杀菌消毒作用，对暗疮、粉刺及有细菌的皮肤具有消炎杀菌作用，如上海药皂、硫磺皂等。

2. 清洁霜

清洁霜又称洁肤霜，是一类能帮助祛除积聚在皮肤表皮及毛孔内的油污、香粉等异物的化妆品。它主要含有乳化剂、高碳醇合成脂、蜂蜡、石蜡、羊毛脂、香精、去离子水、防腐剂等成分。

（1）清洁霜的特点。呈中性或弱酸性，在正常的皮肤 pH 值范围内进行去污，在常温下易液化或借助于轻缓摩擦即可液化；对皮肤无刺激，使用方便，不会损伤皮肤；含有足够的油分，对唇膏、香粉和其他油污有优异的溶解和去污能力；使用后能使皮肤保持滋润滑爽的效果；可使皮肤柔和，而且除油性化妆品和固着在皮脂腺上污垢的效果胜过肥皂。

（2）清洁霜的使用方法。将清洁霜均匀地涂敷于所要清洁的部位并用手按摩，使油污、脂粉、皮屑及其他异物被移入清洁霜内，然后用软纸、毛巾或其他易吸收的柔软织物将清洁霜擦除干净。

3. 洗面奶与洁面奶

洗面奶与洁面奶统称为泡沫清洁剂，它们主要含有表面活性剂、羊毛脂、硼砂、蜂蜡、硅酮油和营养添加剂等成分，不但具有清洁皮肤的作用，还可以收敛或营养皮肤，是一种不含碱性或弱碱性的液体软皂，没有刺激性，并能在皮肤表面留下一层滋润膜。

使用时取适量洗面奶或洁面奶，在面部均匀擦洗后用清水洗净，洗面奶或洁面奶在皮肤上停留时间不得超过3分钟。

皮肤性质不同，所选择的洗面奶或洁面奶的种类也不同：

中性皮肤。可以选择一般的洗面奶或洁面奶。

油性皮肤。毛孔粗大的油性皮肤多选择收敛型的洗面奶或洁面奶。

干性皮肤。可以选择一些抗干燥的、滋润营养型的洗面奶或洁面奶。

暗疮皮肤。可以选择柠檬型、月桂类洗面奶或洁面奶。

衰老性皮肤。可以选择营养滋润型的洗面奶或洁面奶。

4. 磨砂膏

磨砂膏又称磨面膏、皮肤按摩清洁膏、磨面清洁霜。它不但能去除皮肤表面的污垢，而且能用物理的方法去除皮肤表面陈腐的角质层和深藏的黑头粉刺及污垢，并且能促进皮肤血液循环和新陈代谢，起到防止和改善细皱纹的效果。另外，还有软化皮肤、加强皮肤对营养物质的吸收等功能。

（1）磨砂膏的使用方法。首先用清水洗脸并用洗面奶或洁面奶清洁皮肤，再将磨砂膏涂于有关部位，然后用中指和无名指蘸上清水，右手沿顺时针方向、左手沿逆时针方向，由里向外做螺旋式的旋转按摩。磨面结束后，再以清水洗去微粒。

（2）使用注意事项。磨面时需注意保护好眼睛，防止微粒流入眼中；粉刺炎症期间严禁使用；磨面时不可用力过度，以没有痛感为宜；每次磨面以3～10分钟为宜，最多不要超过15分钟，每周1～2次；过敏性皮肤应慎用。

5. 去死皮膏（液）

去死皮膏（液）是一种可以帮助剥脱皮肤老化角质的洁肤产品。去死皮膏（液）敷于皮肤后，其中的酸性物质使角化细胞溶解，搓掉或除去这些膏（液）时，可以把溶解的角化细胞一起带下来，起到净化皮肤的作用。

(1) 使用方法。将去死皮膏（液）涂在脸上轻轻按摩，与洗脸的手法一样，待其干后，轻轻搓掉。

(2) 使用注意事项。一般油性皮肤2～3天使用1次，干性皮肤和敏感皮肤尽可能不用，中性皮肤1周1次即可。

6. 卸妆液（油）

卸妆液（油）是一种对浓妆或彩妆有着极强清洁力的化妆品。一般卸妆液（油）分眼部用、面部用、唇部用等几种。卸妆液（油）主要含矿物油、蜂蜡等成分，对彩妆、油粉妆、浓妆清洁效果比清洁霜好，但刺激性较强。

卸妆油成分为纯植物油、乳化剂，可溶解油溶性污垢，添加乳化剂的卸妆油，遇水立即乳化，能够更彻底清除油溶性污垢，而且遇水立即乳化的特点使卸妆油易于清洗。

(1) 使用方法。用棉片或面巾纸蘸取适量卸妆液（油），将妆面轻轻擦去，再用一般洗面奶或洁面奶清洁一遍。

(2) 使用注意事项。选择对皮肤没有刺激、不过敏、不伤害皮肤和不留下色素，而且对妆面起快速清洁作用的卸妆液（油）。

7. 卸妆水

卸妆水可分为弱效型卸妆水和强效型卸妆水两种。

弱效型卸妆水的主要成分是去离子水、保湿剂和表面活性剂（如多元醇等），具有良好的亲肤性，且不油腻、易于清洗，但清洁力度有限，适合卸淡妆使用。

强效型卸妆水的主要成分是去离子水、溶剂（如苯甲醇等）、多元醇、缓冲剂和护肤成分，它能够快速溶解妆面，卸妆效果好，但刺激性强，长期使用会使皮肤变得干燥、敏感，适用于卸浓妆，不适合敏感、干性和暗疮性皮肤使用。

8. 卸妆啫喱

卸妆啫喱的主要成分为高分子胶体和卸妆水，有的卸妆啫喱中又添加了碱剂。卸妆啫喱也可分为弱效和强效两种，分别适用于淡妆和浓妆。卸妆啫喱的无油配方使其在使用时感觉非常清爽，因而也受到广大顾客的欢迎。

二、卸妆

彩妆品中的粉底大多含有油性，附着于皮肤表面，不易清除，进行皮肤护理前一般按照先眼部、眉部，再唇部，后腮红，最后粉底的顺序卸妆，具体操作如下。

1. 眼部、眉部的卸妆

（1）以清洁棉片保护下眼睑，另取棉片蘸适量卸妆液卸除睫毛膏，如图1—5所示。

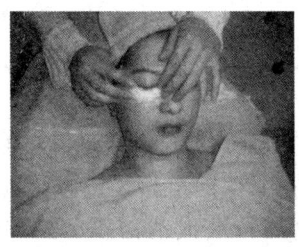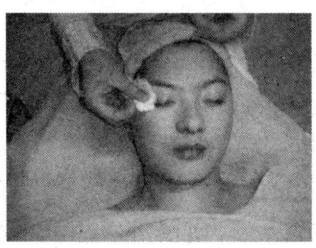

图1—5　保护眼睑，卸除睫毛膏

（2）以棉签蘸少量卸妆液从内眼角向外眼角滚抹，清洗上眼线。

（3）撤去沾有污物的棉片，并请顾客睁开双眼。一手将下眼睑略向下拉，更换棉签后从内眼角向外眼角滚抹清洗下眼线。

（4）另取一棉片，蘸适量卸妆液自内而外卸除眼影。

（5）再取一棉片，蘸适量卸妆液自眉头向眉梢卸除眉上彩妆。

2. 唇部的卸妆

一手轻轻固定一侧嘴角，另一手用棉签蘸少量卸妆水（或洗面奶，或清洁霜）从固定侧的嘴角拉抹向另一侧，分别清除上、下唇的唇膏，如图1—6所示。

3. 卸除腮红

一手持蘸有卸妆水（或洗面奶，或清洁霜）的清洁棉片（或纸巾），指尖朝向下颌方向，从双侧鼻唇沟轻轻拉抹向双颊两侧，清除腮红，如图1—7所示。

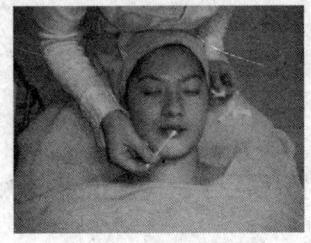 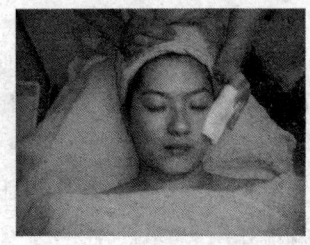

图1—6　唇部卸妆　　　　　　图1—7　卸除腮红

4. 卸除粉底

按额头→鼻子→颊部→口周的顺序逐一卸除。取卸妆液或清洁霜，涂抹于面部，然后用手指在面部向上打小圈，待粉底充分溶解后，再用纸巾吸去或抹去卸妆液或清洁霜，如图1—8所示。

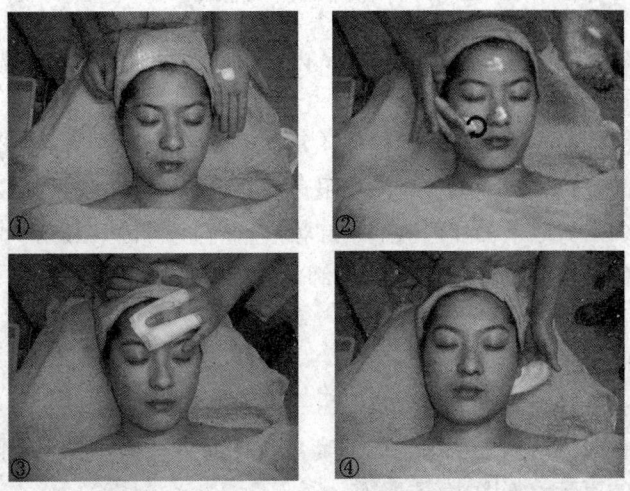

图1—8　卸除粉底

5．卸妆的注意事项

（1）眼部皮肤较敏感，卸妆动作要轻柔。

（2）面部卸妆时，要避免洁肤品流入顾客口、鼻、眼中。

（3）卸妆要彻底。

三、皮肤表层清洁

1．操作步骤

洁面时所使用的基本操作手法为抹法，手法轻柔，每个动作都要沿面部肌肉走向及肌肤纹理擦拭，不可上下反复。具体操作步骤如图1—9所示。

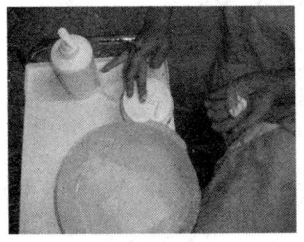

步骤一：涂抹油溶性清洁品或洗面奶

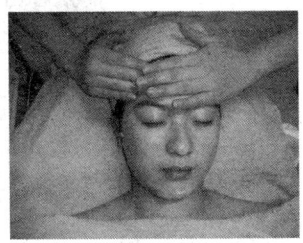

步骤二：用洗面奶清洗额头

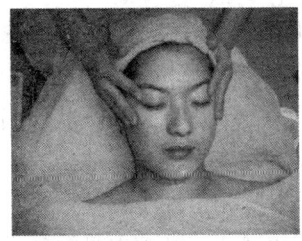

步骤三：用洗面奶清洗眼部

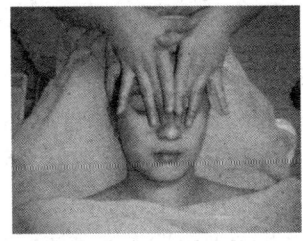

步骤四：用洗面奶清洗鼻部

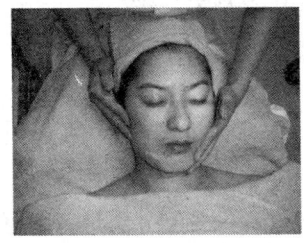

步骤五：用洗面奶清洗面颊

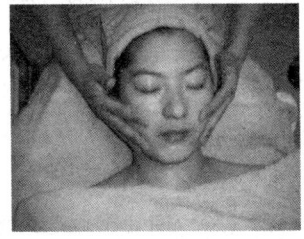

步骤六：用洗面奶清洗口周

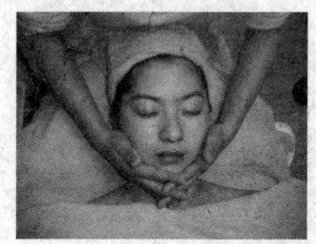
步骤七：用洗面奶清洗下颌

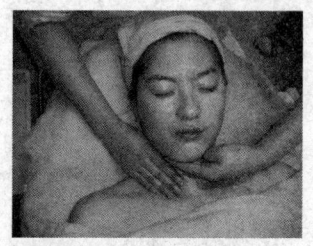
步骤八：用洗面奶清洗颈部

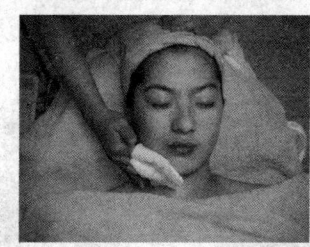
步骤九：用清水将洗面奶彻底清洗干净

图1—9　皮肤表层清洁的操作步骤

2. 注意事项

（1）尽量选择软水，即含少量可溶性钙盐和镁盐、性质温和的自来水或蒸馏水等，对皮肤无刺激。硬水是指含钙盐、镁盐较多的水，长期使用会使皮肤脱脂、干燥，不适宜清洁皮肤使用。

（2）干性或中性皮肤者宜选用乳液状洗面奶，在清洁皮肤的同时，在皮肤上留下滋润保护膜，对皮肤刺激性小；油性或混合性皮肤者则应选择泡沫洁面乳或洁面啫喱，这类洁面品清洁力度较好，含有一定润肤剂，使用后皮肤清爽且不紧绷。

（3）洁肤完成时，皮肤表面的洁肤用品应彻底清洗干净。

（4）清洁皮肤时间不宜过长，一般1～3分钟即可，以免过分刺激皮肤。

四、敷面（蒸面）

敷（蒸）面通常选用热敷毛巾和棉花压布等方法进行，可以促进毛孔张开，便于软化、清除死皮，改善面部代谢，毛巾、棉花有吸附作用,可吸附皮脂污垢。

1. 热敷温度与时间

热敷根据季节不同而选用不同的温度:冬天热敷温度选用50～55℃,夏天选用40～45℃。热敷时间通常为5～8分钟,中、干性皮肤5分钟,油性皮肤7～8分钟,粗厚晦暗皮肤15分钟。

2. 操作前准备

(1) 将毛巾叠成长条状,浸湿后拧干至挤压不出水分,放入红外线消毒柜中加热。

(2) 使用时用卵圆钳从红外线消毒柜中取出毛巾,放入方盘中。

(3) 取出后先在自己前臂内侧试温,以免烫伤顾客。

3. 操作方法

如图1—10所示,敷面的基本操作方法为:首先对折毛巾,毛巾中点以下颌为支点包住整个下颌,然后毛巾两端反转沿脸轮廓叠压于额部,空出鼻孔利于呼吸,双手压住周边区域利于保温。

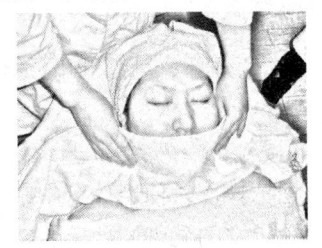
步骤一:对折毛巾,覆盖下颌部

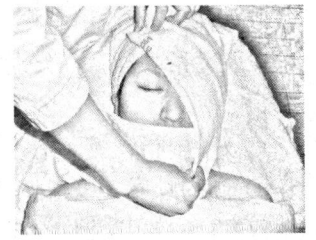
步骤二:反折毛巾一端,覆盖一侧面颊

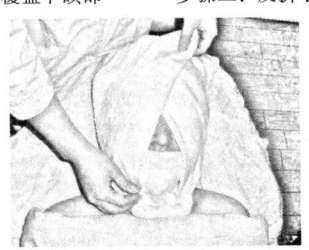
步骤三:反折毛巾另一端,覆盖另一侧面颊

图1—10 敷面的操作方法

4. 注意事项

(1) 操作速度要快，动作要轻柔，衔接连贯准确。

(2) 注意敷面毛巾的温度不宜过高，以免烫伤顾客皮肤。

(3) 将敷面毛巾的水分拧干，避免水流到顾客颈部。

(4) 敷面毛巾四周要服贴，须留出鼻孔。

(5) 敏感皮肤、严重暗疮皮肤、皮下出血、新创面皮肤等禁止热敷。

五、皮肤深层清洁

深层清洁也称脱屑、去角质或去死皮，即借助人工去死皮的方法，帮助脱去堆积在皮肤表层的死细胞，使皮肤更好地吸收各种营养成分。

1. 操作方法

深层清洁常使用的产品有磨砂膏和去死皮膏（液），可根据顾客实际情况选择使用，其基本操作方法分述如下。

(1) 磨砂膏的使用步骤

1) 取适量磨砂膏，分别涂于前额、两颊部、鼻部和下颌处，均匀抹开。

2) 双手中指、无名指并拢蘸水，按额部→双颊部→鼻部→口周→下颌的顺序，以指腹打小圈，拍抹揉擦，使磨砂膏中细小的砂粒与皮肤产生摩擦，令附着于皮肤表皮的死细胞脱落。

3) 整个脱屑过程以3分钟左右为宜，最后将磨砂膏彻底清洗干净即可。

磨砂膏对皮肤有一定刺激，不宜频繁使用。通常干性、衰老性皮肤脱屑时间短，油性皮肤、"T"字区皮肤脱屑时间稍长，眼周围皮肤不宜做磨砂。

(2) 去死皮膏（液）的使用步骤

1) 将去死皮膏（液）均匀薄涂于面部，停留片刻（具体时间参考产品说明）。

2) 将纸巾垫于面部皮肤四周，用左手食指、中指将面部局部皮肤轻轻绷紧，右手中指、无名指指腹将紧绷部位的去死皮膏（液）和软化的角质细胞一同拉抹除去。拉抹的方向是，从下端往上拉抹，从中间向两边拉抹。

3）用清水将去死皮膏（液）彻底洗净。

去死皮膏（液）性质较温和，对皮肤刺激小。有的去死皮膏用酶素作为角质溶解剂，性质更加温和，适合敏感性皮肤使用。

2. 注意事项

（1）脱屑前，一般先敷脸，使毛孔张开，有利于清除毛孔内的深层污垢。

（2）脱屑一般以"T"字区为主，两颊视肌肤状况而定，眼周禁止使用。

（3）脱屑的方法与用品应根据顾客的皮肤性质选用。

（4）手法不宜过重，脱屑后的皮肤需要彻底清洁干净。

（5）皮肤发炎、外伤、严重暗疮、特殊脉管状态等问题皮肤均不适宜脱屑。

（6）脱屑的间隔时间可根据季节、气候、皮肤状态而定，不可过勤，以免损伤皮肤，每月做1～2次即可。

模块四　面膜美容

面膜美容是指利用面膜对皮肤进行清洁、保养、护理等，它是一种重要的美容护理方法。使用不同成分的面膜具有不同的护肤效果和作用，特别是暗疮皮肤、酒糟鼻皮肤、各种皮炎性皮肤、粗糙皮肤、色斑皮肤、衰老性皮肤、敏感性皮肤等更为适宜。

面膜以成膜剂和粉剂为主要基质，配以功能活性物、成膜辅助剂等成分，制成胶浆状、膏泥状、粉状等各种形态的剂型，将其涂敷在皮肤上形成一层覆盖膜，可达到清洁、保养、护理等护肤美容目的。

面膜具有防止水分蒸发、使皮肤角质层软化膨胀、毛孔汗腺扩张、皮肤表面温度上升、改善血液循环的作用；面膜中的营养成分可以渗入皮肤，促进皮肤的新陈代谢；面膜干燥时收缩，使皮肤紧绷，能消除一些细小的皱纹和收敛毛孔。

一、面膜分类

1. 按面膜性状与使用方法划分

（1）硬膜。也称"倒膜面膜"，是指在皮肤上涂上一层倒膜粉，使人体皮肤与它产生一种水合反应，从而形成一个硬壳面膜。硬膜为粉状，用时需加水调成糊状，倒于面部后很快凝固成坚硬的膜体。其成分以医用石膏粉（含水硫酸钙、黏土、砂粒等）为主，附加一些纯天然植物提取的成分混合，也有的加一些樟脑或冰片成分制造而成。根据其能否产生热量可将硬膜分为热膜和冷膜两种。

凡是倒膜后能产生热量的膜粉均称为热膜，主要是在其中添加些矿物质、活性成分、骨胶原或生物剂等。其原理就是，它能对皮肤进行热渗透，使局部血液循环加快、皮脂腺、汗腺分泌量增加，并能促进皮肤对营养品和药物的吸收，使之具有增白、减少色斑、减少皱纹等作用。热膜适用于干性皮肤、中性皮肤、衰老性皮肤和色斑皮肤的护理。

倒膜后不产生热量、能立即凝固冷却产生一种舒适冰凉感的膜粉称为冷膜，其中加入了薄荷、冰片、樟脑等成分。其原理是，通过膜粉产生的冰冷作用收敛皮肤，收缩毛孔，抑制皮脂分泌并可减少油性皮肤分泌过旺的态势。冷膜适用于油性皮肤、敏感性皮肤和暗疮性皮肤等的护理。

（2）软膜。软膜与硬膜是相对而言的，除硬膜以外的各种类型的面膜均可称为软膜。软膜种类繁多，包括胶浆状的、泥膏状的、粉末状的、布贴状的以及果蔬类等。软膜的特点是，经水调和凝固后形成的膜细腻柔软，性质温和，附着力强，对皮肤没有压迫感，膜体容易揭除，可用水清洗，不需上底霜即可保持皮肤水分。

2. 按面膜功能和适用肤质划分

（1）营养面膜。面膜中含有一种或多种营养成分（如水解珍珠、人参或提取液、角鲨烯及其他蛋白质等），对肌肤起到滋润或补充营养的作用，适用于中性、干性及混合偏干性皮肤。

（2）增白面膜。面膜中含有能起增白或漂白肌肤作用的成分，长期使用可增加肌肤的亮白程度，适用于暗淡无光泽的皮肤、色斑皮肤等。

（3）抗皱或祛皱面膜。面膜中含有祛皱成分且能使皮肤变得更有弹性的一种面膜，主要用于衰老性肌肤、干燥皮肤和皱纹较多的皮肤等。

（4）冷冻面膜。面膜中含有过氧苯酰等具有消炎功能的成分，可使肌肤产生一种冷冻的感觉，适用于暗疮肌肤。

（5）防晒面膜。面膜中含有能阻挡紫外线伤害的成分（如滑石粉、二氧化钛、高岭土或肉桂酸酯系列等），主要用于经常与日光有接触的人群。

（6）祛斑面膜。面膜中含有祛斑成分（如有祛斑功效的中草药或提取物、熊果苷、氢醌类等），可起到祛斑、淡斑的作用，适用于各种色斑皮肤。

（7）祛脂面膜。面膜中含有一种祛脂成分，具有分解皮脂的功能，特别适用于油性皮肤。

（8）祛除粉刺或暗疮面膜。面膜中含有能起到消炎杀菌、清热解毒或活血化瘀、祛痘等功效的成分，对急性粉刺或暗疮有治疗和护理作用，适用于暗疮皮肤。

（9）敏感修复面膜。面膜中含有预防过敏、修复表皮和镇静作用的成分，适合于敏感性皮肤护理和修复肌肤使用。

二、硬膜美容

依据硬膜的分类，硬膜美容也可分热膜美容和冷膜美容两种，二者操作方法大体相同，这里只以热膜美容为例进行介绍。使用热膜美容时，由于面膜粉涂于皮肤时，面膜中的主要成分石膏粉遇水产生硬块，与皮肤产生亲和力，随着面膜的慢慢变干，皮肤温度升高，血液循环加快，皮肤张力加强，皮肤分泌皮脂和水分反渗于角质层，使毛皮柔软舒展，毛孔本能开张，面膜中的有效成分渗入皮肤，起到滋润、营养、除皱、治疗和护肤的作用。

1. 操作步骤

(1) 先在面部涂一层底霜或覆盖一张与脸大小相等的纱布，发际四周用纸巾或毛巾包严，眉毛及眼睛部位盖上棉花，留出鼻孔及口部。

(2) 将硬膜迅速涂敷于纱布上，上膜顺序为额部→两颊部→下颌部→口周→鼻部，涂好后静置25～30分钟。

(3) 卸膜时，先将硬膜轻拍松动，或请顾客稍微活动面部肌肉（微笑或鼓腮），然后从下颌两侧开始，逐渐松动面部周边面膜，轻轻向上揭起即可。

(4) 彻底清洗面部。

2. 注意事项

(1) 由于石膏具有很强的吸水性和收敛作用，并有一定的压迫刺激，故硬膜不宜经常使用，一般2周1次或每月1次。

(2) 即调即用，调膜时，要掌握好水量的多少并注意搅拌均匀。水过多，会使膜太稀，不易成型；水太少，膜会迅速凝结而来不及倒于脸上。

(3) 注意热膜的温度，以免烫伤顾客的皮肤。

(4) 涂敷面膜时要尽可能小心，不宜将面膜涂到顾客的眼、口、鼻内。

(5) 操作硬膜技术时要准、快、稳和美观，揭膜时技法要熟练。若不慎将毛发黏入石膏模中，切忌硬揭，可先将膜敲成小碎块，然后一点点往下揭，动作要轻柔，不能将碎膜掉到顾客的眼、口、鼻内。

（6）清洗时要注意耳后、发际、鼻孔、下颌部位，切勿有膜渣残留。

（7）遇有过敏者，应用温水反复轻柔地清洗面部，以彻底清除残留的致敏原，并提醒顾客要大量喝温开水，一般2～4小时可自行恢复。

三、软膜美容

1. 操作步骤

先用纯净水将面膜粉调和至糊状，然后涂敷在面部皮肤上，涂敷的顺序和方法类似于硬膜的操作，15～20分钟后形成质地细软的薄膜，给面部皮肤一种温和感。软膜敷在面部皮肤上，皮肤自身分泌物被膜体阻隔在膜内，给表皮补充足够的水分，使皮肤明显舒展，细小皱纹会逐渐消失。

目前美容院大多使用软膜进行皮肤护理，具体操作步骤如图1—11所示。

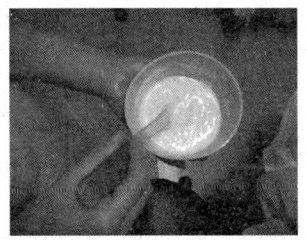
步骤一：调膜

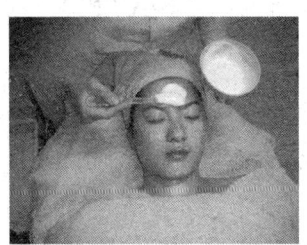
步骤二：上膜（额头）

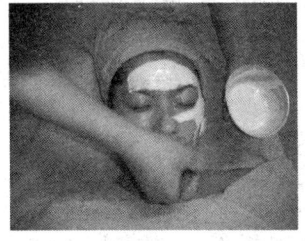
步骤三：上膜（面颊）

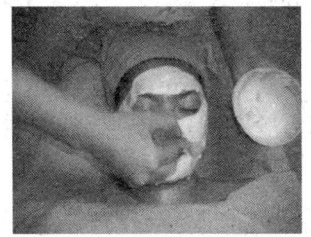
步骤四：上膜（下颌部→口周→鼻部）

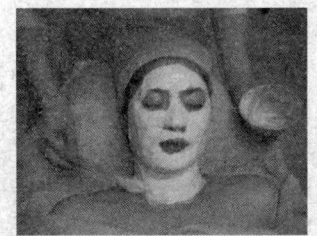
步骤五：上膜（颈部）

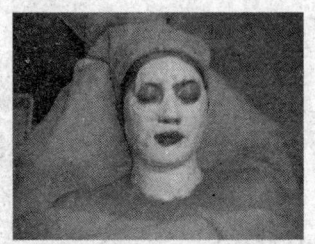
步骤六：静置15～20分钟
（此时可做头颈肩部按摩）

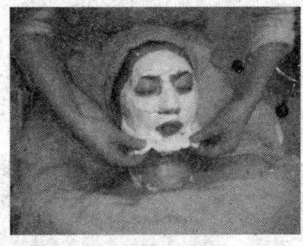
步骤七：卸膜

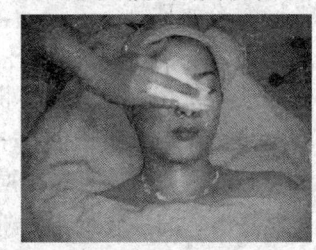
步骤八：清洁

图1—11　软膜美容的操作步骤

2. 注意事项

（1）要根据顾客的皮肤性质，选用适宜的面膜类型。

（2）敷面膜的时间一般为15～20分钟，面膜水分含量适中的，应避免敷用时间过长，以免面膜干后反从肌肤中吸收水分。

（3）面膜的使用不宜太频繁，治疗型软膜可1天1次，护理型软膜可2～3天1次，具体情况要根据皮肤类型和面膜的种类而定。

（4）自制面膜时要注意原料的选择、剂量的大小、添加剂的加入顺序及其他工艺流程。

四、面膜美容禁忌证

1. 不能平卧的心脏病患者、呼吸道感染者、传染性疾病患者、皮肤有糜烂性炎症及表面破溃等的，都不宜使用面膜。

2. 皮肤敏感者不宜使用含薄荷、樟脑、冰片等成分的硬膜、果酸类软膜和刺激性面膜。

3. 对油性皮肤、暗疮性皮肤、皮肤表面有新创面以及敏感性皮肤，不宜使用蜡膜。

4. 切忌在不卫生的环境下制作和使用面膜。

 知识链接

常见果蔬类面膜的制作技巧

目前，果蔬类面膜备受青睐。美容师有必要了解一些实用的果蔬类面膜的制作技巧和作用，告知顾客，帮助顾客做好日常护理工作，以巩固在美容院护理的效果。

果蔬类面膜使用的原料丰富多彩，有各种水果、蔬菜，纯天然的植物或矿物，海洋生物以及其他添加剂，或是现代高分子成膜材料。下面介绍几种方便、实用的果蔬类面膜的制作方法：

面膜	原料	制作方法	使用方法	功效
草莓面膜	鲜草莓50克 鲜牛奶100毫升	将鲜草莓洗净，去蒂后捣成泥状，加入鲜牛奶，调成糊状	洁面后，面膜敷面，15～20分钟后用清水洗净。每周1～2次	能防止皮肤干燥，防紫外线辐射，使皮肤洁白、细腻、有光泽
黄瓜面膜	新鲜黄瓜1根 蜂蜜10克	将鲜黄瓜洗净，榨取汁液，调入蜂蜜	洁面后，面膜敷面，15～20分钟后洗去。连用1周以上	润肤，增白，除皱
蛋清面膜	鸡蛋清1个 鲜柠檬汁1毫升	将鸡蛋清倒入碗中，搅拌至起白色泡沫后，加入柠檬汁5～10滴，搅拌调匀	洁面后，面膜敷面，15～20分钟后用清水洗去。每周1～2次	能保湿润滑，消炎抗皱，使皮肤有光泽、细腻、柔润

续表

面膜	原料	制作方法	使用方法	功效
土豆面膜	土豆50克 香蕉半根（50克） 鲜牛奶100毫升	将土豆煮熟后去皮，捣成泥，然后香蕉去皮，捣成泥，与土豆泥混匀，调入鲜牛奶（或酸牛奶）即成	洁面后，面膜敷面，15～20分钟后洗净。每天1次	柔润肌肤，适宜干性皮肤使用
蜂蜜面膜	白蜂蜜（以梨花、枣花或桃花蜜为佳）35克 白面粉15克 清水50毫升	用清水混合蜂蜜和白面粉，调成糊状	洁面后，面膜敷面，15～20分钟后洗净。每周1～2次	可加快皮肤的新陈代谢，使皮肤保持青春活力
胡萝卜面膜	鲜胡萝卜500克 面粉5克	将鲜胡萝卜洗净，捣碎，加入面粉后捣成泥	洁面后，面膜敷面，10分钟后用清水洗去。隔日1次	淡化斑痕，治疗暗疮，抗皱
白菜叶面膜	大白菜叶3片	取新鲜大白菜叶洗净，在干净菜板上摊平，用擀面杖或酒瓶轻轻辗压10分钟，直到叶片呈网糊状	洁面后，将网糊状叶片贴在脸上，每10分钟更换1张，连换3张。每日1次	可治疗暗疮，嫩白皮肤

模块五 面部滋润营养

滋润营养是皮肤美容护理的最后一步。其主要目的是利用爽肤水和润肤霜保养、滋润皮肤，在皮肤表面建立弱酸性保护膜，减少外界环境对皮肤的损伤。

一、面部滋润营养品

面部滋润营养品的种类很多，归纳起来有化妆水、润肤霜（蜜）、冷霜、营养霜、雪花膏、日霜、晚霜等，各类营养品作用不同，使用方法也略有差异，具体分析如下。

1. 化妆水

化妆水是一种渗透性很强的液体状水性护肤品，主要成分为去离子水，加入保湿剂、收敛性或营养性等功能性成分，能够及时给洗净的皮肤补充水分或养分，软化皮肤角质层，保持皮肤正常的生理功能，并能起到调节皮肤酸碱度、平衡汗液、控制油脂的作用，使妆面持久而不脱妆，提高皮肤亲和力，能够抑菌、收缩或收敛、营养皮肤、滋润皮肤。

根据酸碱性能不同，可将化妆水分为微酸性、中性和微碱性三种。

（1）微酸性化妆水。微酸性化妆水属收敛性化妆水，通常又称为收缩水或紧肤水，常用含酸性原料制成，如尿囊素、柠檬汁或氯化铝、明矾等，它能刺激皮肤，使角质层的蛋白质轻微凝固，抑制角质层中油分的外溢，使毛孔、汗孔收敛，皮肤绷紧，增加皮肤的弹性，适合油性、毛孔粗大的皮肤及化妆前使用。

（2）中性化妆水。中性化妆水属营养性化妆水，通常又称为营养水或滋润水，常用营养性成分制成，如甘油、珍珠水解液、氧化锌等，它能补充皮肤水分和养分，具有较强的保湿功能，使皮肤滋润舒展，适用于中性、干性、混合性、敏感性或衰老性皮肤。

（3）微碱性化妆水。微碱性化妆水属柔性化妆水，通常又称为爽肤水、柔肤水、调理水或平衡水，它可调整皮肤表面的酸碱度，溶解老化的角质，保持皮肤水分，使皮肤呈湿润状态，适用于干性皮肤的保养。

另外，根据使用功能不同还有防晒化妆水、药用化妆水等。

2. 润肤霜（蜜）

润肤霜（蜜）中主要含有润肤剂、营养剂、保湿剂，如白油、橄榄油、卵磷脂、棕榈酸异丙酯等，起润肤、软肤、保持皮肤水分平衡的作用，可使皮肤柔软光泽，富有弹性。

3. 冷霜

冷霜又称香脂或护肤脂，主要含白油、蜂蜡、硼砂等，对皮肤起保护作用并提供皮肤表皮脂质，其含油量较润肤霜和雪花膏多，用后皮肤会有清凉感。

4. 营养霜（蜜、乳、液）

营养霜（蜜、乳、液）在润肤霜（蜜）中加入各种营养成分而成，其作用是更好地补充皮肤油脂、氨基酸、维生素等营养成分，但保湿效果差。

5. 雪花膏

雪花膏主要含硬脂酸、氢氧化钾、氢氧化钠、十六醇等，可起到滋润皮肤、补充皮肤水分、爽肤、柔肤的作用。其含水量较冷霜多，质地洁白如雪且松软。

6. 晚霜

晚霜也称夜霜，多于晚上入睡前使用，它能使皮肤恢复正常状态，保持皮肤光滑柔软，容易涂擦且具有润舒感。

7. 日霜

日霜适合白天护肤使用，具有滋润皮肤、增强皮肤对外界刺激的抵抗力等作用。

8. 隔离霜

隔离霜具有修颜、隔离、滋润、保湿等作用，使用后可以隔离紫外线，隔离彩妆，修正肤色，使肤质滋润细致、肤色亮丽自然。

不同肌肤的颜色及肤质，需要不同颜色的隔离霜来调整。白色适合所有肤色使用，可以局部使用创造脸部立体感，或是全脸使用使肌肤显得白皙；绿色隔离霜适合偏红肌肤和有痘痕肌肤使用；紫色隔离霜适合偏黄肌肤和苍白肌肤使用。

二、操作步骤

1. 涂拍化妆水

如图1—12所示，美容师根据顾客的肤质选取适宜的化妆水,用手蘸化妆水涂抹在皮肤上,并用手指轻轻弹拍使其充分渗透。涂抹化妆水时,应用双手擦,按摩时借着手部与表皮轻柔的摩擦,使老废角质和废物松动,加速其代谢并畅通毛孔。涂抹的同时适量、适度拍打,能够刺激肌肤表面的血液循环,帮助营养成分有效深入肌肤底层,当然还要适当进行穴位按摩(按摩太阳穴、迎香穴、地仓穴等,穴位详见本书第二单元模块一相应内容),这些都有促进肌肤微循环的功效。

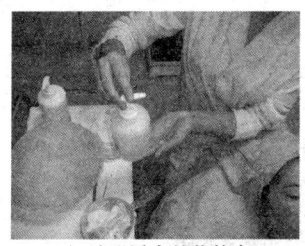
a) 选取适宜的化妆水

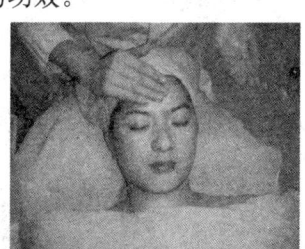
b) 用手蘸化妆水涂拍在皮肤上

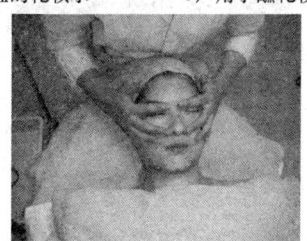
c) 适当进行穴位按摩

图1—12　涂拍化妆水

2. 营养霜或乳液护理

通过使用适合肤质的营养霜或乳液可使皮肤滋润,在皮肤与有色化妆品之间形成保护屏障,防止有色化妆品中色素对皮肤的直接侵蚀。

(1) 将营养霜放在掌心,画圆搓揉约10秒,使营养霜略有温热感。

(2) 双掌慢慢由脸中心向外延伸,让肌肤充分接触保养品。

(3) 擦额头的营养霜,双手轮番往上推擦,可以松散皱眉、抬眉累积的纹路。

(4) 中指、食指与无名指的指腹紧贴下巴,画圆圈,能由下往上带动血液循环。

(5) 鼻子部分原本就分泌较多的皮脂,只要用最后剩余的营养霜轻按即可。

(6) 用温热的手掌紧贴脸颊包覆约 5 秒,热热的温感将营养霜直送基底层,轻轻向太阳穴方向拉提,就会有紧实提神的感觉。

3. 涂抹隔离霜

如图 1—13 所示,使用时取适量隔离霜置于额头、两颊、鼻尖、下巴五处,用食指、中指和无名指三指指腹,从脸颊处向上

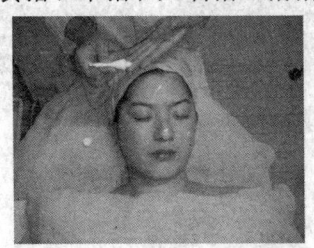

图 1—13　涂抹隔离霜

拉伸,扩展到额头中央,再向两边拉伸,随后轻轻拍打直至完全吸收。

知识链接

护理后工作

一般情况下,面部滋润营养操作完成后,顾客在美容院的面部基础护理工作就基本结束了,这时美容师应根据美容院的具体要求,做好护理后的工作:

> ·填卡——根据美容院的要求填写所有的记录卡,以便随时掌握顾客皮肤变化情况。
> ·整理——整理工作区域环境、物品归位、清洁等,以备下次使用。
> ·预约——详细记录顾客姓名、卡号,预约下次护理的时间、服务项目和美容师等。
> ·追访——通过电话、邮件等追访顾客护理后的感受,并提醒顾客家居护理的注意事项和下次护理时间等。

模块六 问题皮肤护理

一、问题皮肤护理用品

1. 治疗暗疮用化妆品

暗疮也称痤疮,俗称青春痘,是青年人中常见的一种皮肤问题。目前治疗暗疮用的化妆品主要有暗疮水、粉刺露等,可加速暗疮消退。

2. 祛斑类化妆品

色斑是由于黑色素细胞分泌黑色素颗粒过多或皮肤黑色素颗粒分布不均匀,导致局部出现较正常肤色加深的斑点、斑片。祛斑类化妆品就是一类用于减轻、淡化或祛除皮肤表面色素沉着,以及因色素细胞活跃而产生的各种色斑(如黄褐斑、雀斑、老年斑)等的化妆品。

3. 防晒类化妆品

防晒类化妆品是一类具有防止紫外线伤害、减轻皮肤晒伤等特殊用途的化妆品,主要产品有防晒油、防晒水及防晒乳液等。防晒产品一般都标有防晒系数(又称防晒倍数、防晒红斑指数、防晒率等，以 SPF 表示），SPF 值的高低客观上反映了防晒产品对紫外线防护能力的大小。SPF 后面的数字表示该产品防晒时间的长短，如 SPF8 就是指该产品在太阳下晒 160 分钟而不伤皮肤。但防晒系数并不是越高越好，要根据皮肤性质、季节以及在太阳下作业时间长短来考虑选择防晒产品。

二、暗疮皮肤的护理

由于皮肤皮脂分泌过多，使毛孔堵塞，皮脂淤积于毛囊内形成粉刺。当毛囊内有细菌大量繁殖、引起毛囊发炎时，便形成暗疮。暗疮通常为红色小丘疹，部分丘疹中央有小脓头，多发于面部、背部、前胸。暗疮消退后会留暂时性色素沉着，经过一段时间，颜色可逐渐淡化。若炎症位置较深，伤及真皮层，则愈后会留疤痕。

粉刺是暗疮的最初状态，尚无炎症，一般分为黑头粉刺和白头粉刺两种。黑头粉刺又称黑头，为开放性粉刺（堵塞毛孔的皮脂的表层直接暴露在外面，与空气和空气中的尘埃接触），表现为明显扩大的毛孔中的黑点，挤出后形如小虫，顶端发黑。白头粉刺又称白头，为闭合性粉刺（毛囊口被角质层覆盖，皮脂不能排出），为细小的皮下脂栓，表现为米粒大小的半球形白色小包，质硬，无自觉症状。

1. 美容院对暗疮皮肤的护理程序

（1）彻底清洁皮肤，分析并判断皮肤类型后，用离子喷雾仪蒸面。

（2）有粉刺的皮肤而又需去角质者，避开粉刺部位做局部去角质，然后用真空吸管吸啜粉刺，对于仅是粉刺而无炎症或暗疮不严重者，用阴阳电离子仪将收缩毛孔精华素导入皮肤，暗疮较严重的不宜做该操作。

（3）使用暗疮针（暗疮针是对暗疮、黑头、白头及其他部位的脓疱进行处理的一种工具）对暗疮进行清理治疗，每次至多清理 5～6 粒。具体方法如下：

知识链接

真空吸附仪和阴阳电离子仪的操作方法

真空吸附仪的操作方法

真空吸附仪是由真空泵和电磁阀构成,可用来吸取皮肤污垢和毛孔中皮脂的一种美容仪器,其操作方法如下:

·用75%酒精消毒真空吸管,将吸管套在塑料管上并与仪器相连。

·打开开关,右手拿住吸管,中指按在吸管小孔上,以控制吸管的密封程度。

·美容师左手旋转吸力强度调节器,调节吸啜能力,可先在自己手上试吸。

·将吸管移到顾客面部皮肤上,吸啜面部各处。

·用完后将吸管从皮肤上移开,并将吸管强度调节钮调到零。

·关闭电源,取下吸管,消毒后保存。

阴阳电离子仪的操作方法

阴阳电离子仪又称贾法尼电疗仪,它利用直流电促使人体产生相应变化,并通过营养导入和吸出新陈代谢产物的方式来达到美容护理效果。

阴阳电离子仪正负极的美容作用不同,具体见下表:

	阳极(正)	阴极(负)
媒介	将碱性pH值的溶液导入皮肤内	将酸性pH值的溶液导入皮肤内

续表

	阳极（正）	阴极（负）
作用	面部处理后关上毛孔，减少皮肤红肿，将酸性物质带入皮肤，治疗暗疮后预防皮肤发炎。顾客握正极，美容师用负极包棉片蘸药液治疗，起溶解油脂作用	刺激干性皮肤的血液循环，将碱性物质带入皮肤。顾客握负极，美容师用正极包棉片蘸药液在面部移动，起渗透电离作用
适用范围	油性皮肤7分钟，暗疮皮肤10分钟	干性皮肤5分钟，衰老性皮肤5分钟

阴阳电离子仪操作方法如下：

·让客人手持电极棒，美容师打开开关，调准正负极。

·美容师调节好电流强度，手持浸有药液的棉片包住夹子，并在治疗部位上慢慢滑动。

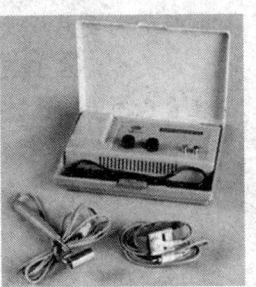

·刺激5~10分钟直至药液吸干。

·关上电源开关，保存好电极以便下次再用。

·操作时应取下顾客身上所有金属饰物。

·电疗美容前要让客人治疗部位保持清洁干燥，不得有营养护肤品。

·应根据需要调整其中各项功能。

·敏感、发炎、受伤皮肤及孕妇尽可能不使用。

·所用介质都需在液态时使用。

·电极要包好，在皮肤上移动要慢，不得离开皮肤，棉片始终保持湿润。

1）严格消毒暗疮针和施术部位。

2）以近乎平行于皮肤的角度，用暗疮针尖锐的一端，从暗疮皮肤最薄的部位将暗疮轻轻刺破，不可刺至真皮，如图1—14所示。

3）将暗疮针衔有小圆环的一端对准暗疮刺破口，用力下压，然后向一侧用力压拉，将暗疮内包含物彻底挤压排出，如图1—15所示。

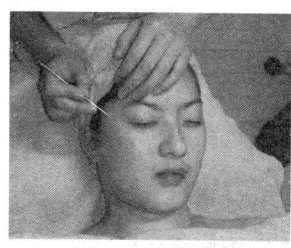 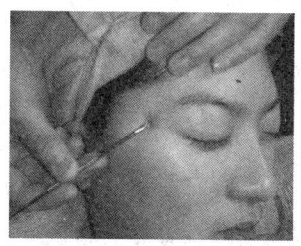

图1—14　刺破暗疮　　　图1—15　挤压排出暗疮内包含物

4）操作完毕，应及时将暗疮针彻底清洗、消毒。

（4）用高频电疗仪的玻璃电极对伤口及周围皮肤进行紫外线打点式火花电疗，帮助伤口消炎、收口、愈合。

（5）使用樟脑按摩膏进行面部局部（避开暗疮部位）按摩，时间为5～10分钟。

（6）导暗疮冷冻面膜或涂暗疮底霜后倒冷膜。

（7）喷暗疮收缩水。

（8）暗疮刺破伤口处涂暗疮消炎膏或暗疮收口膏，面部其他部位涂暗疮治疗霜。

2. 暗疮皮肤的日常护理

美容师针对暗疮皮肤作相应护理后，应提醒顾客采用正确的方法进行日常护理，以巩固美容院护理效果，加速暗疮的消退。

（1）保持面部清洁，选用偏碱性的洁肤用品，及时清洗，除去过多的油脂。

知识链接

高频电疗仪的操作方法

高频电疗仪通过主机上的减幅波高频发生器，利用火花间歇放电，产生衰弱振荡作为电源，连同其他部件组成振荡电路产生高频振荡，瞬间产生高温的电热火花达到烧灼、治疗、美容的目的。其操作方法如下：

• 接通电源，打开开关，指示灯亮。

• 接好输出插头，旋转功率按钮到所需挡位，相应指示灯亮。

• 美容师手持针极对准已消毒的美容部位进行切、针、灼、割等操作。

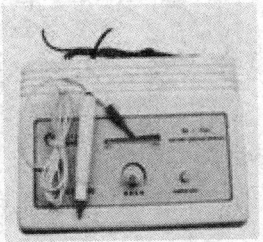

高频电疗仪

• 随时更换棉球或棉签擦拭针尖碳化物及创面。

(2) 不可随便挤压暗疮，避免感染。

(3) 注意饮食，少食脂肪、糖类含量较多及刺激性较强的食品。

(4) 注意肝脏、肠胃的调理。

三、衰老性皮肤的护理

1. 美容院对衰老性皮肤的护理

(1) 清洁皮肤，分析并判断皮肤类型。

(2) 用去死皮膏（液）去角质。

(3) 用离子喷雾仪蒸面。

(4) 根据顾客不同部位皮肤的衰老状况不同，有重点地进行

按摩 15～20 分钟。

（5）用阴阳电离子仪将抗衰老精华素导入皮肤。

（6）导营养面膜或倒热膜，配维生素 E 或人参蜂王胎盘蜜底霜。

（7）喷滋润液，涂营养面霜。

2. 衰老性皮肤的日常护理

（1）不要有过多及过于丰富的面部表情。

（2）避免睡眠不足。

（3）避免长期在光线暗的环境下工作。

（4）加强体育锻炼。

（5）重视皮肤水分补充。

（6）合理使用化妆品。

（7）避免烟酒等刺激。

四、敏感性皮肤的护理

过敏是由于皮肤对外界多种因素敏感而产生的一种特异性变态反应。轻微的只有皮肤发红、微痒等症状，严重的会出现皮疹、水疱、水肿等，应及时到专科医院进行检查治疗。

1. 美容院对敏感性皮肤的护理

在对敏感性皮肤的顾客进行护理时，无论是操作过程还是选用护肤品，均应注意避免对顾客皮肤形成刺激。具体护理步骤如下：

（1）清洁皮肤，分析并判断皮肤类型。

（2）用去死皮膏（液）去角质（禁用磨砂膏）。

（3）用离子喷雾仪远距离蒸面。

（4）用阴阳电离子仪导入精华素。

（5）面部穴位按摩（指压穴位），避免大面积揉按面部皮肤，有关面部按摩手法详见本书"第二单元美容按摩"相应内容。

（6）可厚涂防敏感性底霜后倒冷膜。为了减少在启膜时对顾客皮肤的刺激，在倒膜前可将一块用冰水浸泡的约 20 厘米×25

厘米的纱布,在口、鼻部挖洞后,盖在脸上,然后再倒膜。

(7) 喷防敏感性爽肤水,涂防敏感性营养霜。

2. 敏感性皮肤的日常护理

(1) 选择温和的弱酸性低泡沫洁面产品,每日洁肤次数不宜多,一般早晚各1次即可。

(2) 洗脸水不可过热或过冷,出入居室要尽量避免温度的急剧变化。

(3) 洁面后最好不涂任何护肤品,可用手指在脸上作一些轻柔的按摩(以手指敲击为好,不要用力过度),使面部肌肉放松,促进血液循环。如果要用护肤品,应尽量选择温和的,不含酒精、香料、防腐剂的植物成分护肤品。

(4) 减少去角质的次数,每月1次即可,尽量选择黏土状的深层清洁类产品。

(5) 有化妆习惯者,尽量选含水量高、香料少的液体粉底。卸妆应选择性质温和或专为敏感肤质而设的卸妆乳液,不可大力按摩。卸妆不彻底,皮肤敏感的几率会增加。在肌肤敏感时最好不化妆。而且不能频繁更换化妆品,更换前应做皮肤斑贴试验,无不良反应方可使用。

(6) 应选择含物理性防晒成分(如氧化锌、氧化钛)的防晒产品,SPF值为15～30比较适宜。

(7) 要注意营养平衡,可适当补充维生素C,要避免吃虾、蟹等易引起过敏的食物。

五、色斑皮肤的护理

1. 美容院对色斑皮肤的护理

(1) 清洁皮肤,分析并判断皮肤类型。

(2) 用离子喷雾仪蒸面。

(3) 用去死皮膏(液)去角质。

(4) 涂祛斑霜,用超声波美容仪进行治疗。

知识链接

超声波美容仪的操作方法

超声波美容仪是一种通过声波作用于人体肌肤的美容仪器。超声波提供的能量会引起细胞振动,作用于人体皮肤时会加强皮肤血液循环,促进新陈代谢,从而使皮肤细胞内部发生改变而达到美容目的。超声波的声能可以转化为热能,是一种对皮肤无感觉的内生热。另外,超声波产生的聚合反应和解聚反应能使药物有效地渗透到皮肤,增加了药物的疗效。该仪器适用于暗疮、皮肤色素异常、黄褐斑、晒斑、眼袋、黑眼圈、伤痕、蛇皮病等损容性皮肤。其操作方法为:

·将电源线与仪器接好,接通电源。

超声波美容仪

·将要使用的消毒过的探头插入对应的输出端。

·清洁患部并将药物涂在探头表面或患处。

·打开开关,仪器进入自检,检后有蜂鸣提示,然后根据需要选择面板上的功能键和适宜的电流强度。

·治疗时间为10~15分钟,隔日1次,10次为1疗程。

·根据部位选择探头大小。

·用后关闭电源,清洁探头。

(5)进行面部按摩,具体方法详见"第二单元美容按摩"相应内容。

(6)导入祛斑精华素(漂白精华素),抑制黑色素细胞分泌

黑色素颗粒，治疗护理过程中不可突然停止祛斑精华素的使用，否则会出现反弹现象。

（7）涂祛斑（漂白）底霜，倒热膜或导祛斑面膜。

（8）喷收缩水，涂祛斑营养霜。

在为顾客进行皮肤护理时，如果顾客的皮肤问题比较复杂，美容师应认真分析，逐一治疗，循序渐进，切不可急于求成，不能同时治疗几种问题皮肤。例如，顾客既有色斑，又有暗疮时，在护理中必须先治好暗疮，再治色斑。在治疗暗疮时，可采用超声波或红外线，禁用紫外线，以免使斑色加重。

2. 色斑皮肤的日常护理

（1）尽量减少损伤因素，强刺激、日晒、药物、热辐射、长期摩擦等都会使肤色加深或引起色斑。

（2）注意化妆品的选择，重金属含量过高的化妆品易使皮肤变黑。

（3）调节内分泌，某些激素可以促进黑色素细胞分泌黑色素颗粒。

（4）加强营养，偏食、消化吸收能力差等因素都可能引起色素沉着。

第二单元 美容按摩

美容按摩也是美容师必须掌握的一项基本技能，主要包括面部美容按摩和头、颈、肩部的按摩，通过按摩调气血、通经脉，达到美容的目的。

模块一 美容按摩相关医学知识

美容按摩技能涉及经络、腧穴、肌肉等诸多医学知识，美容师在明确这些知识的基础上掌握科学的美容按摩方法，对于优化面部护理效果具有事半功倍的作用。

一、认识人体经络

经络是人体沟通内外、运行气血的通路，是经脉和络脉的总称。经脉纵贯上下，是主干、主线；络脉连缀交错，网络全身，是分支。经脉纵行深层，络脉横行浅表。

经络遍布全身，其内运行气血，具有联络脏腑、沟通肢窍、协调阴阳、保卫肌体、抗御外邪等作用，使人体内部脏腑与外部组织器官形成一个有机的整体。经络在人体正常生理情况下，维持人体正常生理活动，保证肌肉丰满、关节滑利、皮肤润泽、形体健美。一旦出现异常，经络、脏腑会相互影响，危害人体健康，也可能发生损容性疾病，因此，美容师有必要掌握一定的经络知识。

经脉包括十二经脉和奇经八脉，以及附属于十二经脉的十二经别、十二经筋和十二皮部。络脉有十五络脉及附属于十五络脉的孙络和浮络。其中，十二经脉是主体部分，由手足、阴阳、脏腑三方面组成，根据其循行在体表的位置及联络的脏腑不同而不同。每条经都向内进入体腔与相关脏腑联系，向外循行在头面、四肢及躯干体表，经气输注于体表的特殊部位就是穴位，了解了每条经脉的体表循行部位，就可以知道该经穴位的分布情况，这对美容按摩来说是非常关键的。十二经脉的名称及其分布情况具体见表2—1。

表2—1　　　　十二经脉的名称及其分布情况

经脉名称		循行分布	
		体内联络的脏腑	体表循行部位
手三阴	手太阴肺经	肺、大肠、胃上口	胸部外上侧、上肢内侧前缘
	手少阴心经	心、小肠、肺	乳旁、上肢内侧后缘
	手厥阴心包经	心包、三焦	腋下、上肢内侧中间
手三阳	手阳明大肠经	大肠、肺	上肢外侧前缘、肩前、颈前、面颊、口齿、鼻旁
	手太阳小肠经	小肠、心、胃	上肢外侧后缘、肩后、颈侧、外眼角、耳、内眼角
	手少阳三焦经	三焦、心包	上肢外侧中间、肩上、颈侧、耳后、外眼角
足三阴	足太阴脾经	脾、胃、心	下肢内侧前缘、腹胸
	足少阴肾经	肾、膀胱、心、肝、肺	下肢内侧后缘、腹胸
	足厥阴肝经	肝、胆、胃、肺	下肢内侧中间、腹胸
足三阳	足阳明胃经	胃、脾	鼻旁、目、面周、颈前、胸腹以及下肢外侧前缘
	足太阳膀胱经	膀胱、肾、脑	内眼角、头、颈、腰背以及下肢外侧后缘
	足少阳胆经	胆、肝	外眼角、耳周、头侧、颈侧、躯干侧部、下肢的外侧中间

二、认识头面部腧穴

腧穴又称穴位,是人体脏腑经络之气输注于体表的特殊部位,这些部位多在筋肉或骨骼之间的凹陷处。施术于一定腧穴可起到疏通气血、调整肌体平衡、维护健康、美容养颜、延缓衰老等作用。这里主要介绍与面部美容按摩有关的头面部腧穴的基本位置,如图2—1所示。

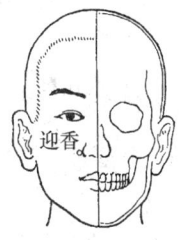

a) 迎香穴:在鼻翼外缘中点旁,当鼻唇沟中

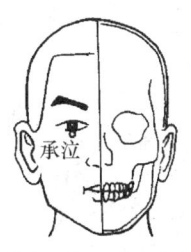

b) 承泣穴:在面部瞳孔直下,当眼球与眶下缘之间

c) 四白穴:在面部瞳孔直下,当眶下孔凹陷处

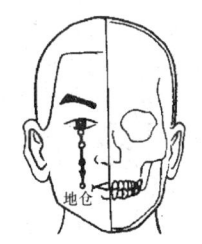

d) 地仓穴:在面部口角外侧,向上正对瞳孔

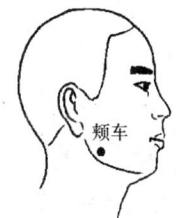

e) 颊车穴:在面颊部,下颌角前上方约一横指(中指)处,咬牙时咬肌隆起处,牙松开按之凹陷处

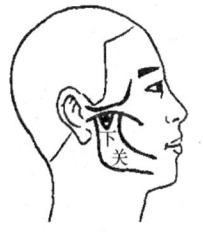

f) 下关穴:在面部耳前方,当颧弓与下颌切迹所形成的凹陷中。寻找耳前张口时有骨头顶起处,闭口时呈凹陷状

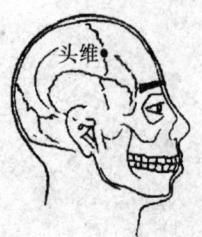 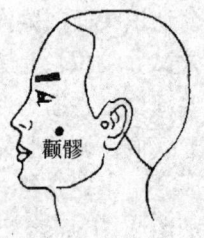

g）头维穴：在头侧部，当额角发际上0.5寸处

h）颧髎穴：在面部，当外眼角直下，颧骨下缘凹陷处

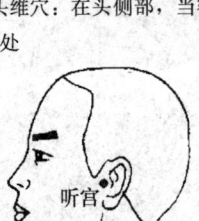 

i）听宫穴：在面部，耳屏前，下颌骨髁状突后方，张口时凹陷处

j）睛明穴：在面部，内眼角稍上方凹陷处

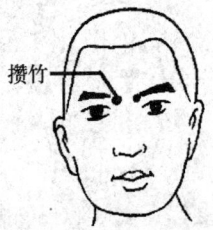 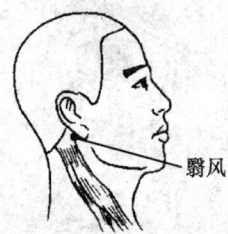

k）攒竹穴：在面部眉头凹陷处

l）翳风穴：耳垂后方，耳后高骨与下颌角之间凹陷处

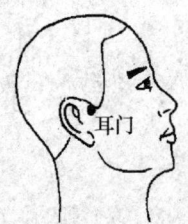 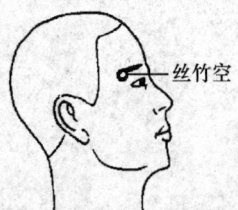

m）耳门穴：面部耳屏上，张口有凹陷处，基本位于听宫穴的直上方

n）丝竹空穴：在面部眉梢凹陷处

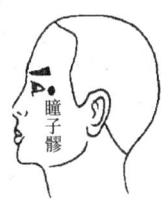
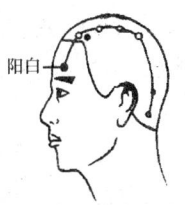

o）瞳子髎穴：面部，外眼角后方，眼眶外侧缘处

p）阳白穴：前额部，当瞳孔直上，眉上一横指处

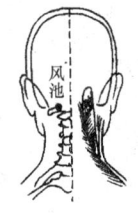
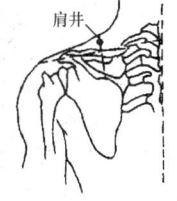

q）风池穴：在颈部枕骨之下，胸锁乳突肌与斜方肌上端之间的凹陷中

r）肩井穴：位于肩上，第七颈椎棘突与肩峰连线的中点处

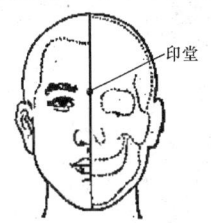
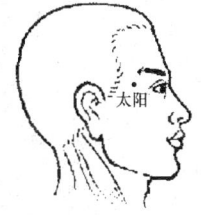

s）印堂穴：在额部两眉头的中间

t）太阳穴：在颞部，当眉梢与外眼角之间，向后约一横指的凹陷处

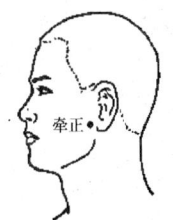
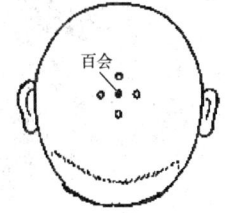

u）牵正穴：在面颊部，耳垂前0.5～1厘米的敏感点处

v）四神聪穴：在头顶部，当百会前后左右各1寸，共4穴

图2—1　头面部腧穴

三、认识人体头、颈部的肌肉分布

人体头、颈部的肌肉分布如图 2—2 所示,具体分析如下。

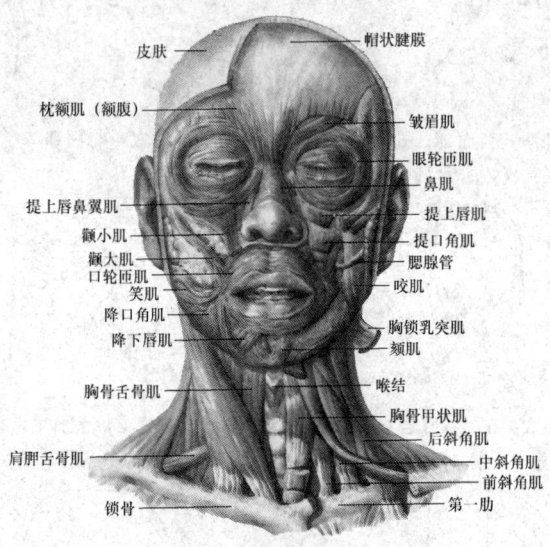

a) 头颈肌(前面观)

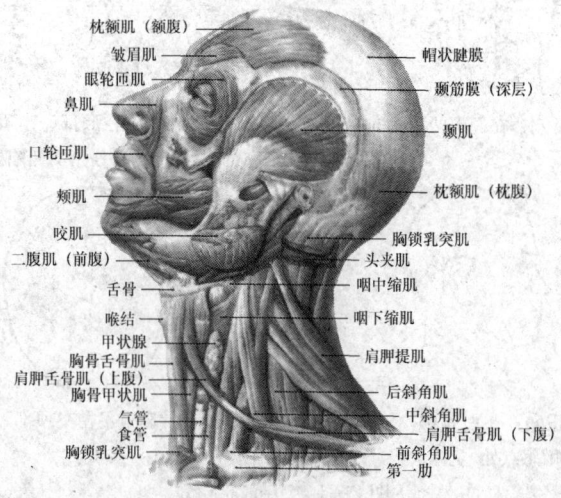

b) 头颈肌的深层(外侧面观)

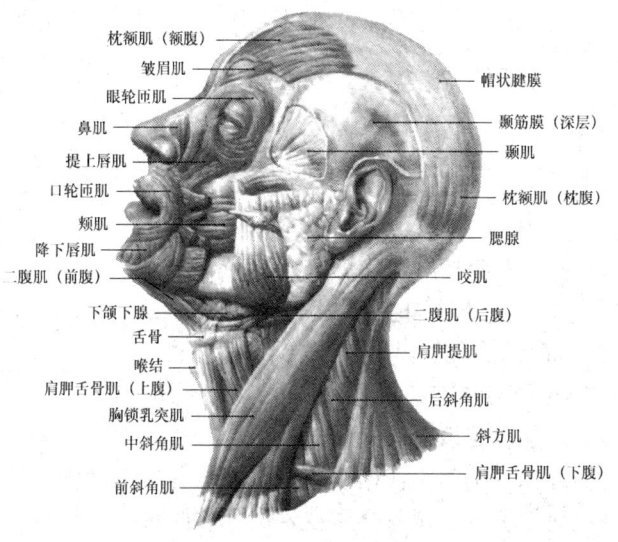

c）头颈肌的浅层（外侧面观）

图2—2 人体头、颈部肌肉分布图

1. 头肌

头肌包括面肌和咀嚼肌。面肌属于皮肌，主要分布在眼裂、口裂和鼻孔等周围。因面肌收缩时牵动皮肤显示喜、怒、哀、乐等各种表情，故面肌又称表情肌。人类由于语言的发展，口周围肌发达，耳周围肌退化。

2. 颈肌

颈肌分颈浅肌、颈前肌和颈深肌。颈浅肌包括颈阔肌与胸锁乳突肌，其中，前者为位于颈部浅筋膜中的皮肌，其作用为拉口角向下，并使颈部皮肤出现皱褶；胸锁乳突肌被颈阔肌覆盖，一侧收缩使头向同侧屈，脸转向对侧，两侧收缩可使头后仰。

颈前肌包括舌骨上群和舌骨下群。

颈深肌可分为内、外侧两群肌。内侧群肌紧贴脊柱颈段的前面，包括头长肌和颈长肌等，该群肌收缩使头前俯、颈前屈。外侧群肌自前向后有前斜角肌、中斜角肌和后斜角肌。当颈部固定时，两侧外侧群肌同时收缩可提第1和第2肋，协助深吸气，单侧收缩使颈侧屈。

模块二　面部美容按摩

一、面部美容按摩的作用

1. 促进血液循环和新陈代谢。
2. 提高皮肤温度，增强皮肤的保湿能力。
3. 放松肌肉和神经，消除疲劳。

二、面部美容按摩的介质

在面部美容按摩中使用按摩介质可润滑皮肤，减少按摩过程中的摩擦。根据各类按摩介质主要成分和性状特点的不同可将其分为按摩膏、按摩油和按摩啫喱三类。

1. *按摩膏*

按摩膏的主要成分为凡士林、羊毛脂、蜂蜡、植物油、去离子水、乳化剂、保湿剂、抗氧化剂及其他各种添加剂。添加润肤、保湿成分（如人参、维生素 E、芦荟等）的按摩膏适宜中、干性皮肤使用；添加具有收敛皮肤、减少皮脂分泌作用的成分（如薄荷、金缕梅、柠檬等）的按摩膏则适合油性皮肤使用。

2. *按摩油*

按摩油的主要成分为脂肪酸、蛋白质、维生素和矿物质。纯植物油性质非常温和，除部分极度敏感的皮肤外，各种类型的皮肤都可以使用。为了使纯植物油更加具有护理功效，可以在其中添加芳香精油。芳香精油的选择要依据皮肤的类型和性质而定。

3. *按摩啫喱*

按摩啫喱的主要成分为高分子胶体、水、保湿剂、防腐剂。

按摩啫喱为无油配方，不会造成毛孔堵塞，具有良好的收敛皮肤、杀菌消炎、减少粉刺暗疮发生的作用，常用于油性皮肤或粉刺、轻度暗疮皮肤。因皮肤吸收速度快，故需要在按摩过程中不断地添加。

三、面部美容按摩基本手法

面部美容按摩的基本手法很多，操作方法如图2—3所示。

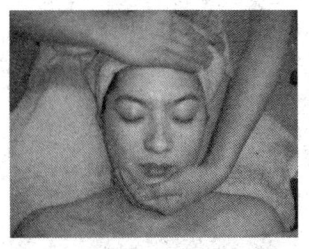

a) 按抚法：手掌及手指轻柔接触皮肤，柔和按压，缓慢拖动

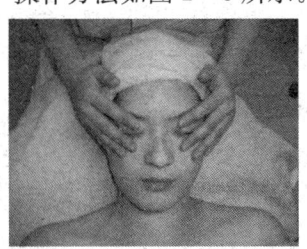

b) 抹法：手指轻柔接触皮肤，缓慢抹动

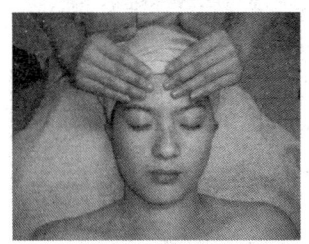

c) 圈揉法：四指按压皮肤表面，环旋样揉动

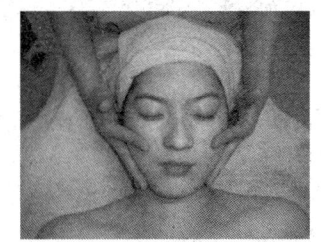

d) 轮指法：四指依次由后向前，弹击面部

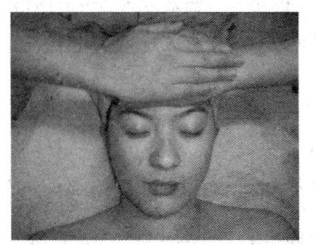

e) 掌压法：叠加双掌，有弹性按压

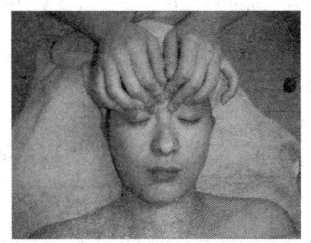

f) 指压法：以指腹持续按压头、面部穴位

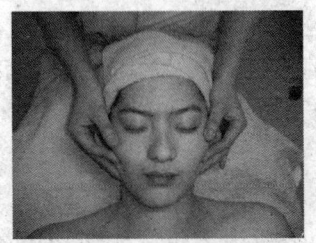
g) 捏按法：用拇指和四指捏挤肌肤

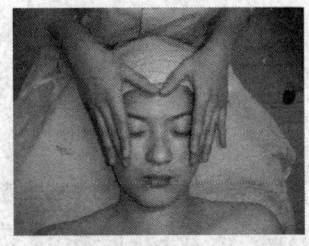
h) 弹击法：食指发力，轻快击打面部

i) 叩击法：合掌，四指分开，有节奏地叩击头部

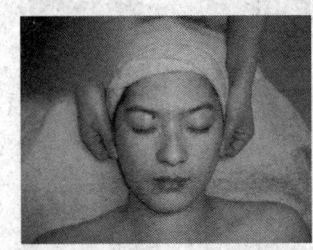
j) 揉捏法：用拇指和四指相对，揉捏耳部

k) 振颤法：将手掌置于面部，利用臂部颤动，带动皮肤及皮下振颤

l) 拿法：屈曲手指，以五指指腹挤压头部

图 2—3　面部美容按摩手法

四、面部美容按摩基本程序

在完成准备工作后，面部美容按摩须按照前额→眼部→鼻部→面颊→下颌和口周部→耳部→颈部的顺序操作，具体程序如图 2—4 至图 2—11 所示。面部美容按摩操作的基本要求为：

· 整套手法操作时间为 20 分钟左右。

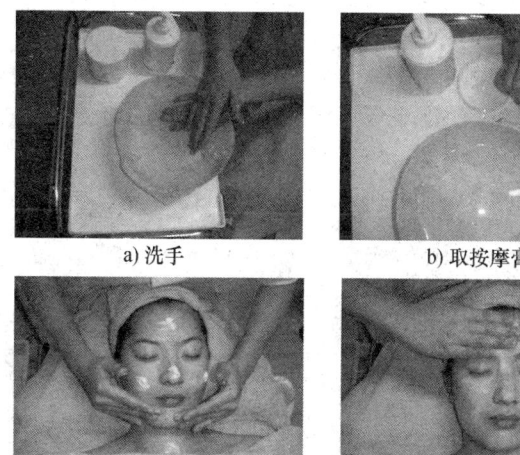

a) 洗手　　　　　　　b) 取按摩膏

c) 面部涂抹按摩膏

图 2—4　面部美容按摩的准备

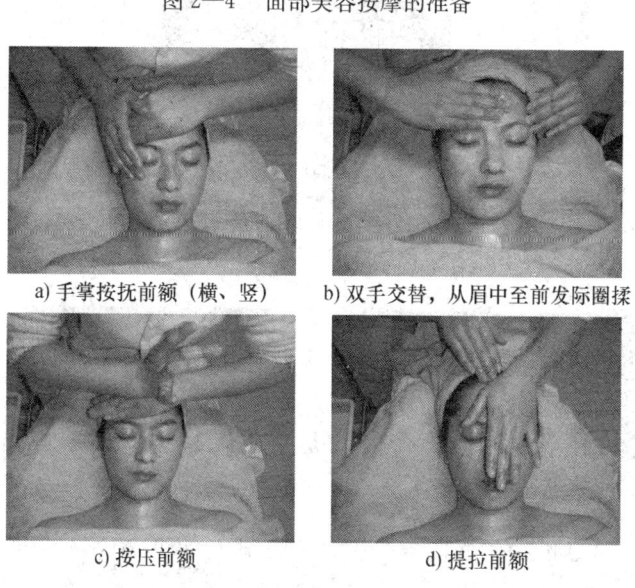

a) 手掌按抚前额（横、竖）　　b) 双手交替，从眉中至前发际圈揉

c) 按压前额　　　　　　d) 提拉前额

图 2—5　按摩前额部

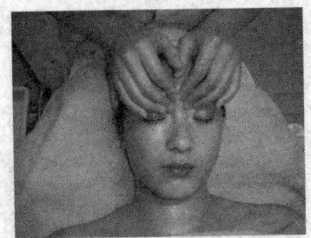
a) 点按眼周穴位（攒竹、丝竹空、瞳子髎、四白、睛明等穴位）

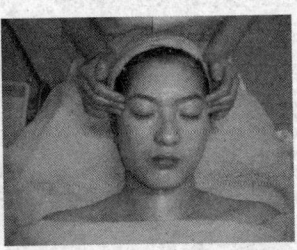
b) 眼周打圈

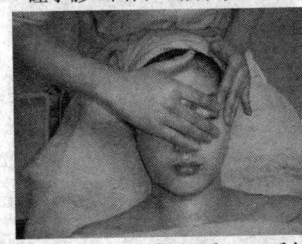
c) 展鱼尾纹（一手撑开眼角，一手打圈）

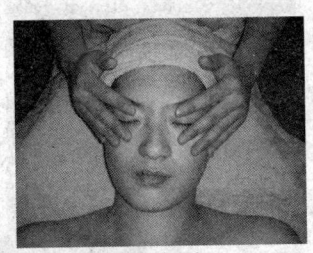
d) 拉抹眼部

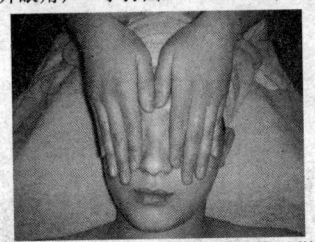
e) 搓掌浴目（两手掌快速摩擦，待手搓热后，以手掌熨贴双目，反复操作3次）

图 2—6　按摩眼部

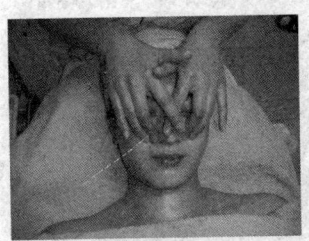
a) 点按鼻部穴位（迎香穴）

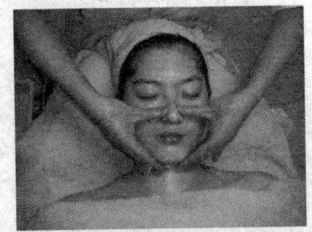
b) 抹鼻（从中间向两侧、鼻梁、鼻旁由下至上）

图 2—7　按摩鼻部

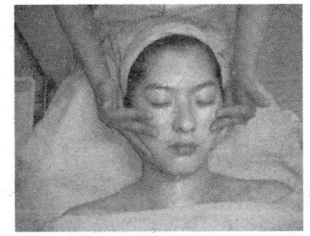
a) 面颊部轮指

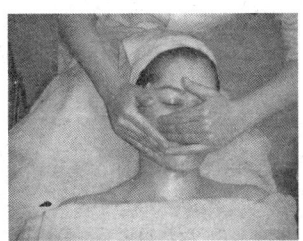
b) 按抚面颊

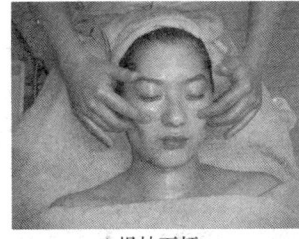
c) 提抹面颊

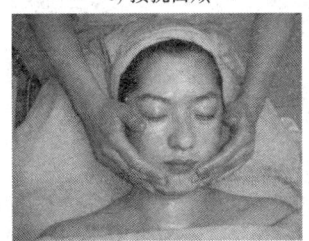
d) 面颊打圈

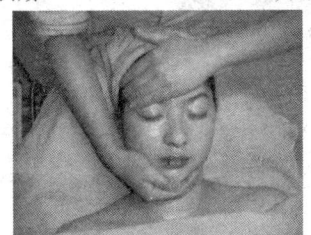
e) 拉抹下颌，按压额头

图 2—8 按摩面颊

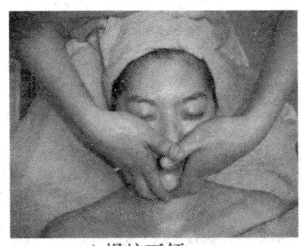
a) 提拉下颌

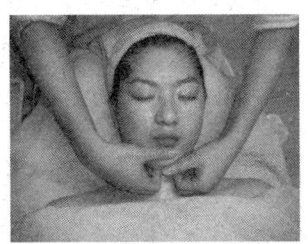
b) 捏按下颌

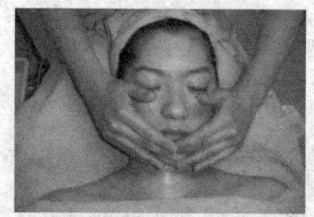
c）按抚口周

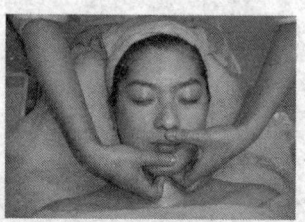
d）点按口周穴位
（人中穴、地仓穴、承浆穴）

图 2—9　按摩下颌及口周部

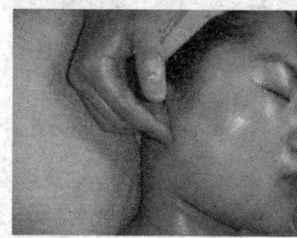
a）按揉耳部

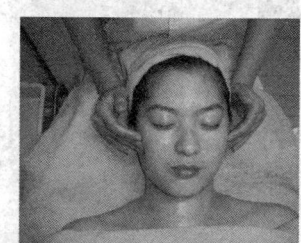
b）点按耳部穴位
（耳门穴、听宫穴、牵正穴）

图 2—10　按摩耳部

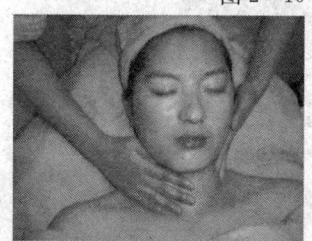
a）颈部横抹

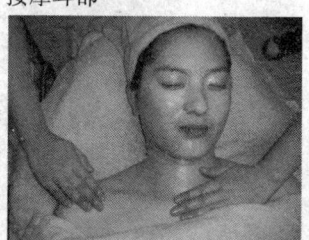
b）肩部横抹

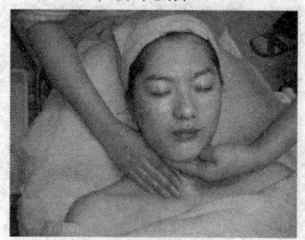
c）颈部提拉

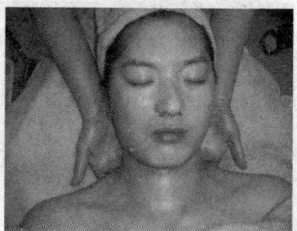
d）肩部按揉

图 2—11　按摩颈部

- 按摩过程中注意手法连贯、力度沉稳，手感柔软、服贴。
- 经络、腧穴的位置要准确。
- 全部动作以舒缓的节奏进行。

五、面部美容按摩的注意事项

1. 根据顾客皮肤特点灵活选择按摩介质和按摩手法。

2. 面部按摩时间为5～20分钟，不可太长。

3. 敏感性皮肤在非过敏期可以进行面部按摩，宜使用按抚等力度较轻的手法，选择刺激性低的按摩介质，时间应该控制在3～5分钟。

4. 在皮肤炎症处、局部皮肤破损处不可进行按摩。

5. 面部有较严重的暗疮或皮肤过敏者不可进行面部按摩，避免情况恶化。患有传染性皮肤病者也不可进行面部按摩。

模块三 头、颈、肩部按摩

顾客进行面膜护理时，美容师可以根据顾客的需要，为其进行头、颈、肩部的按摩。

一、头、颈、肩部按摩基本手法

头部和颈、肩部的按摩手法分别如图2—12和图2—13所示。

二、头、颈、肩部按摩基本程序

头部和颈、肩部按摩的基本要求与面部美容按摩相同，具体程序和动作要领如图2—14和图2—15所示。

三、头、颈、肩部按摩的注意事项

1. 整套手法操作时间为10～15分钟。

2. 手法宜轻柔、舒缓，作用力深透，以顾客能耐受为度。

3. 皮肤炎症处或局部皮肤破损处不可进行按摩。

4. 重点按摩风池、肩井两穴，使顾客充分放松。

 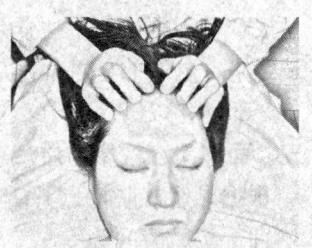

a) 按压法：叠指，沿经脉走行方向按压　　b) 拿法：同面部按摩动作要领

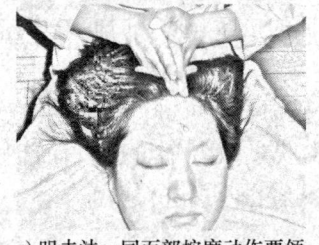 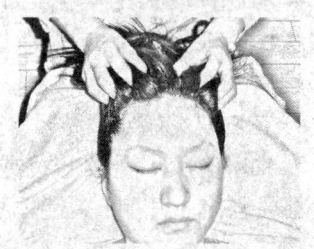

c) 叩击法：同面部按摩动作要领　　d) 提拉头发法：双手握住头发，轻轻拉动

图 2—12　头部按摩基本手法

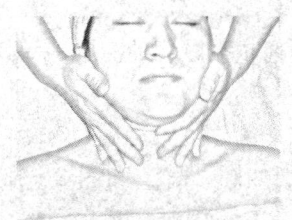 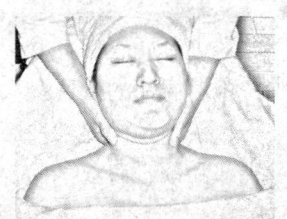

a) 抹法：双手手指由下向上抹动　　b) 拔伸法：五指扣住后颈部，向上提拉头部

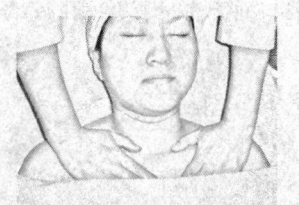 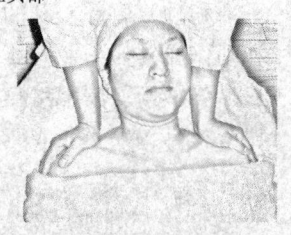

c) 分推法：由中间向两侧缓慢分推　　d) 按法：双手掌揉和按压肩部

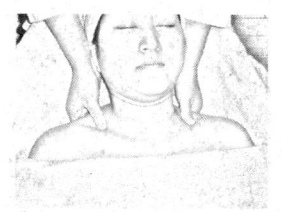 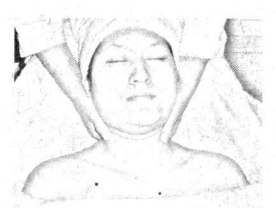

e) 捏拿法：用拇指和四指捏挤肩部   f) 揉法：用四指在后颈部环旋揉动

图 2—13　颈、肩部按摩基本手法

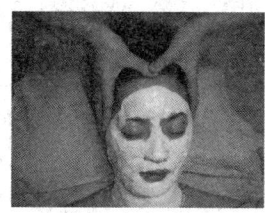 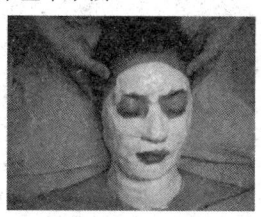

a) 按压头部穴位：督脉（头部正中线上，与鼻头呈一直线，从前往后按压）

b) 按压头部穴位：胆经（督脉旁开 2.25 寸线上以及耳后高骨周围，从前往后按）

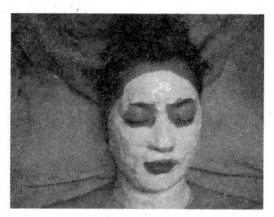 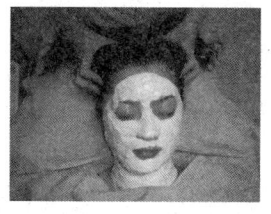

c) 按压头部穴位：胆经（督脉旁开 2.25 寸线上以及耳后高骨周围）

d) 头部捏拿：指腹部着力，动作缓慢

 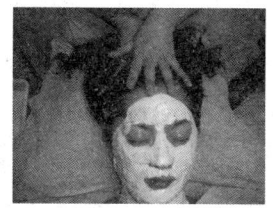

e) 叩击头部：指侧部着力，动作轻快

f) 分抹五经（督脉，左、右膀胱经及左、右胆经）：五指分开，动作轻柔

图 2—14　头部按摩基本程序

a) 肩部横抹：掌根用力，动作要慢　　b) 推压肩部：用力要持续

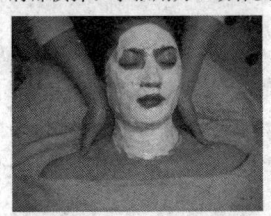 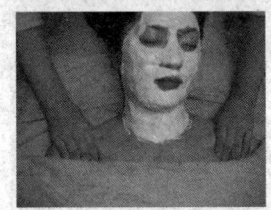

c) 指揉颈、肩部：压力稍大些，有助于缓解颈、肩部疲劳　　d) 捏拿颈、肩部：避免使用指甲，以免捏疼顾客

图 2—15　颈、肩部按摩基本程序

第三单元 基础美容化妆

美容化妆是指美容师借助修饰类化妆品，运用各种美容化妆技巧，为顾客美化容貌的技术，从某种意义上讲，就是把顾客容貌最好的一面用化妆品、化妆手法表现出来。

模块一 化妆基本功训练

一、素描训练

素描训练是通过对客观物象的形体、结构、比例、明暗、质感、空间等多种造型因素和规律的理解与运用，以写生或默写的方式把造型的各种因素和规律笔绘在纸上的过程。通过素描训练能培养和提高美容师敏锐的观察能力、深刻的理解认识能力和准确的表现创造能力。

美容师的素描基本功训练主要是为化妆中形的勾画奠定基础。形的勾画主要是用描绘、晕染的方法，在客观条件的基础上对五官轮廓进行加工修饰。

1. 眉形的勾画

眉形指眉毛描画的形。眉毛由眉头、眉峰、眉梢三部分相连组成。两眉间距为一只眼形的长度，眉头起始于与内眼角相垂直的部位；眉峰位于眉毛的2/3部位，当眼睛平视时在黑眼球的外侧；眉梢位于与唇峰、鼻翼、外眼角斜测量线对应的部位，眉梢与眉头的高低基本呈水平线或眉梢略高于眉头。

2. 眼形的勾画

眼形指眼睛描化的轮廓。眼睛的美感源于眼神和眼睛的形。眼神是一个人内在素质和外部身体素质的反映，是美容师无法左右的，而眼睛的形则是美容师可以调整美化的。眼形即眼睛的轮廓，由内外眼角、上下眼睑、眼裂、睫毛组成。上眼睑弧度大，弧度最高点位于中部，内外眼角呈水平线；下眼睑弧度小，弧度的最高点位于距外眼角 1/3 处，下眼睑的内眼角低于外眼角。上眼睑睫毛密而长，下眼睑睫毛稀而短，因此，一般眼线的描画是上粗下细，比例为 7∶3，外眼角眼线的描画要比内眼角浓。眼睛与眉毛之间的宽度为一只眼睛平视时的宽度。

3. 鼻形的勾画

鼻子位于面部的中庭，是整个面部最凸起的部位。鼻根始于眉头，鼻翼位于内眼角垂直线的外侧，鼻梁由鼻根向鼻尖逐渐高起，鼻梁直而挺拔，鼻尖圆润秀气。

4. 唇形的勾画

一般上唇略薄，下唇略厚，上唇角略短于下唇角，下唇角略向上翘，唇峰位于鼻孔内侧，下唇的转折起始于唇峰对应处。

5. 腮红的描画

腮红的描画可增强女性的妩媚与健康感，并可调整脸形。腮红一般应涂在颧骨旁微笑时突起的部位，向内不过外眼角，向下不低于鼻底平行线。腮红的晕染要柔和，可根据不同的脸形需要，描绘晕染成新月形、橄榄形、三角形等。

二、色彩训练

美容化妆是一门造型艺术，它具有形和色的可见性，既是色彩与素描的有机结合，又是妆色与光色的有机结合。作为美容师，应理解色彩的原理，训练对色彩的感受和识别能力，培养对色彩的美感，锻炼运用色彩造型的能力。

化妆与素描绘画有许多相似之处，其中最主要的是利用色彩的明暗、冷暖来强调面部凹凸层次，用明暗错视法矫正五官间距。由此，用于化妆的色彩可分为影色、亮色和强调色三种。

1. 影色

偏冷的或含混的色彩可以使物体的形显小、显深、显窄，有后退、凹陷和缩小的感觉。化妆时用于过宽、过大、过高的部位，使其得到收敛效果。常用的影色有橄榄绿、棕色、灰色、褐色、蓝色、紫灰色等。

2. 亮色

偏暖的或明度高的色彩可以使物体的形显宽、显浅、显高，有扩张感。化妆时用于太窄、太低、太小的部位，使其得到拓宽放大的效果。常用的亮色有白色、米色、象牙白、明黄色、鹅黄色、浅粉色、浅蓝色、银白色、银灰色等。

3. 强调色

强调色也称为眼显色，主要用于眼部化妆。强调色的运用可以使其部位成为引人注目的焦点。在搭配得当的情况下，任何色彩都可以成为强调色。

在化妆过程中影色与亮色要协调运用，才能相得益彰，效果更为明显。

三、审美训练

美容化妆是在人的客观条件基础上的美化，对美的部位给以充分的展示，不足部分给予修饰，因此，美容师必须掌握以下美容的规律特点。

1. 皮肤

皮肤细腻柔软而无瑕疵，面色红润富有光泽。

2. 脸形

常见的脸形大体可分为椭圆形、圆形、方形、三角形、倒三角形、菱形和长形七种。一般以椭圆形为女性标准脸形。不同的脸形应采取不同的化妆方法加以修饰和矫正，使其接近椭圆形。

3. 五官比例

美学家用黄金分割法分析人的五官比例分布，以三庭五眼为修饰标准。

（1）三庭。指脸的长度比例，把脸的长度作三等分，从前额发迹线至眉骨，从眉骨至鼻底，从鼻底至下颏，各占脸长的1/3。

（2）五眼。指脸的宽度比例，以眼形长度为单位，把脸的宽度作五等分，从左侧发迹至右侧发迹，为五只眼形。两眼之间有一只眼睛的间距，两眼外侧至侧发迹各为一只眼睛的间距，各占1/5比例。

（3）三点一线。眉头、内眼角、鼻翼三点构成一垂直线。

4. 面部凹凸层次

除了五官均匀分布外，还能给人以脸形轮廓美感的是面部凹凸层次。面部的凹面指的是眼窝（即眼球与眉骨之间的凹面）、眼球与鼻梁之间的凹面、鼻梁两侧、颧弓下陷、颏沟、人中沟。面部的凸面指的是额、眉骨、鼻梁、颧骨、颧结节、下颊、颏结节、下颌骨、颌结节。

由于人的骨骼大小不同、脂肪薄厚不同及肌肉质感的差异，人的面部形成了千差万别的个体特征。面部的凹凸层次主要取决于面颅骨和皮肤的脂肪层。当骨骼小、转折角度大、脂肪层厚时，凹凸结构就不明显，层次也不很分明。当骨骼大、转折角度小、脂肪层薄时，凹凸结构明显，层次很分明。凹凸结构过于明显时，则显得棱角分明，缺少女性的柔和感；凹凸结构不够明显时，则显得不够生动甚至有肿胀感。

化妆一方面要调整五官轮廓、比例，另一方面则要用色彩的明暗调整凹凸层次。

模块二 化妆基本程序

一、清洁皮肤

洁净的皮肤是化好妆的基础,在清洁皮肤的同时可适当加些按摩的指法和力度,舒展皮肤的张力,加快局部血液循环,增强细胞活力。在这种皮肤状态下,妆面牢固自然,化妆品与皮肤的亲和力强(具体见"第一单元模块三中面部清洁")。

二、修眉

修眉即除去多余的眉毛,修整基本眉形。

1. 修眉的用具

修眉的用具主要有眉钳、修眉刀、眉剪等,见表3—1。

表3—1　　　　　　　　修眉用具

名称	用途	保洁方法	图例
眉钳	眉钳类型较多,可用于拔除所修眉形以外的多余眉毛,还可作为辅助工具使用,如粘贴或固定假睫毛等	浸泡器械消毒液中消毒	
修眉刀	用于修整眉形和发际处多余的毛发,有普通型和防护型两种,特点是去毛快,可紧贴皮肤将毛发切断,清理毛发时边缘处整齐	用消毒棉球擦拭消毒	

续表

名称	用途	保洁方法	图例
眉剪	用于修剪杂乱或下垂的眉毛，也可用于修剪假睫毛	浸泡器械消毒液中消毒	

2. 修眉的技巧

修眉可采取擢眉法和剃眉法。

（1）擢眉法。即用眉钳将多余的眉毛连根拔掉的方法。操作时应绷紧皮肤，用眉钳夹住要除去的眉毛，顺眉毛生长方向快速拔掉，如图 3—1 所示。

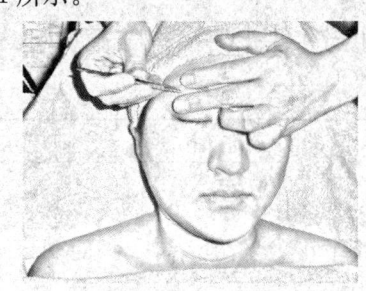

图 3—1　擢眉法

（2）剃眉法。即用修眉刀将多余的眉毛剃去的方法。操作时持修眉刀的手要稳，另一手绷紧皮肤贴根剃除眉毛，如图 3—2 所示。

三、面部滋润营养

这里所说的面部滋润营养与本书"第一单元模块五面部滋润营养"方法相同，在此不再赘述。

四、涂敷粉底、施粉

涂敷粉底可改善肤色与皮肤质感，遮盖瑕疵使皮肤细腻、有光泽。这是化妆的基础，肤色协调统一，自然柔和，是创造洁净

 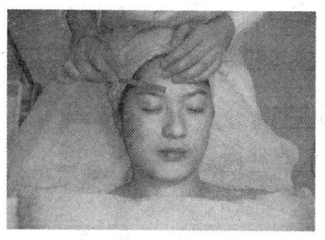

图 3—2 剃眉法

妆面效果的首要条件。

1. 涂粉底和施粉用具

涂粉底和施粉用具主要有海绵扑、粉扑、粉刷等,见表 3—2。

表 3—2　　　　　　　　涂粉底和施粉工具

名称	用途	保洁方法	图例
海绵扑	用于涂抹粉底,能使粉底均匀,与皮肤结合紧密。海绵柔软细腻,形状多样。当侧面出现海绵的硬质颗粒,或正反两面出现很多小裂纹并且有颗粒脱落时,就需要更新	化妆海绵可以用普通餐具洗洁精或肥皂,以温水清洗,晾干,不能放在阳光下晒	
粉扑	用于扑拍蜜粉定妆,一般呈圆形。专业用的粉扑背后有一宽带,又称勾手扑	用温水和肥皂轻轻洗净,晾干备用	
粉刷	多在定妆时撑浮粉用,是化妆套刷中最大的一种毛刷,其外形饱满、毛质柔软	随时保持清洁,用后放入套内。使用一段时间后,可用温水和肥皂轻轻洗净,晾干备用	

2. 涂粉底的技巧

一般粉底质感要与肤质、季节、妆型特点协调，粉底的颜色要与肤色、年龄特征相适应。涂敷要均匀，薄厚要适当。与面部相连接的裸露部位，如颈、胸、肩、背、手臂等都应涂敷。

（1）如图3—3所示，将适量粉底挤在左手手心，用右手手指蘸取，点于额部、两颊、鼻尖和下颌处，从左脸颊开始，一边用食指、中指和无名指的指腹轻轻拍开，一边向上拉伸扩大涂抹面积，指腹逐渐滑向眼睛周围和鼻翼位置，一边轻轻拍打，一边向四周均匀涂抹，最后落指于下颌处，轻轻拍打并均匀涂抹。

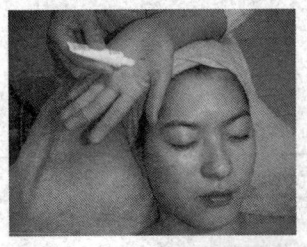 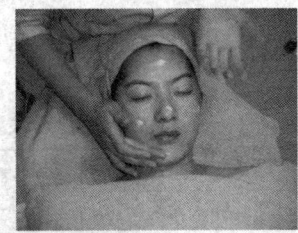

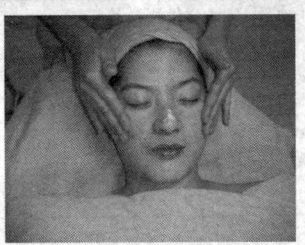

图3—3 涂抹粉底

也可用潮湿的海绵蘸粉底，用拍擦的方法均匀涂敷于皮肤上，涂敷时由下向上，由内向外以涂、拍、按、的手法涂敷均匀，切忌来回涂抹。

（2）可利用深浅不等的同色系粉底，调整面部凹凸层次和脸形。

（3）涂敷粉底时，眼角、眼底、鼻翼旁、唇角等部位都应均匀覆盖。涂下眼睑时，眼睛向上看，涂唇角时，嘴唇要略张开。

（4）需要涂较厚的粉底化妆时，应分两次涂敷。先薄涂一层，使粉底与皮肤产生亲和，然后再用轻按的方法涂一层，涂敷时不能来回抹。

（5）特殊皮肤的粉底涂敷要注意以下几点：

1）皮肤敏感者，应用指腹涂敷粉底，避免海绵对皮肤的刺激。

2）毛孔粗大、皮肤粗糙者，先用浅色粉底涂敷一遍，再用与肤色接近的粉底涂敷一遍。

3）皮肤发红者，先用浅绿色或浅蓝色粉底涂敷红的部位，再用接近肤色的粉底涂敷。

4）色斑皮肤，先用遮瑕膏涂在色斑部位，再涂敷接近肤色的粉底。

5）较黄的皮肤应用粉红色粉底，使皮肤显得红润。

6）较黑的皮肤要选择浅咖啡色或深土色粉底，切勿选择浅色粉底，防止粉底与肤色反差太大而显得不自然。

3. 施粉的技巧

用透明蜜粉或与粉底同色的蜜粉固定粉底，减少粉底在皮肤上的油光感，并可防止妆面脱落与走形。施粉时用两个粉扑，先以一个粉扑蘸上蜜粉，再与另一个对合按压一下，然后一个用于大面积的部分（如前额和面颊），另一个用于细小不平的部位（如鼻翼、眼周围及发际周围）。使用粉扑时要用轻按的方法，不要在皮肤上移动，以免破坏粉底色。最后用粉刷轻掸多余的浮粉，操作时应以毛刷的刷腹着面，不要将刷头直对皮肤，以免刺激皮肤，如图3—4所示。

五、画鼻影

鼻子位于面部正中，面部的凹凸起伏，鼻子起主要作用。鼻影的晕染可使鼻梁显得挺拔，在弥补矫正鼻形不足的基础上，调整五官间距，使其与整体协调。

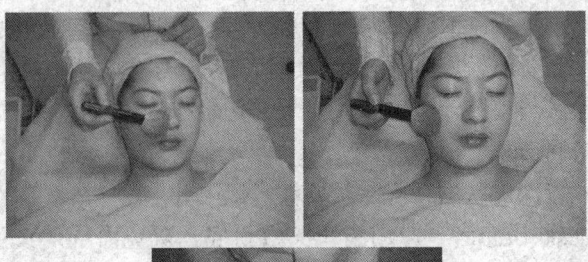

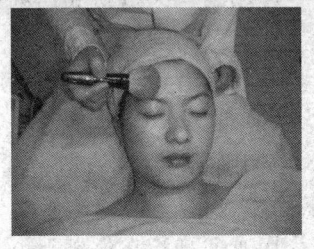

图 3—4　使用毛刷的刷腹轻掸多余的浮粉

1. 画鼻影的用具

画鼻影的用具一般有眼影笔和粉刷等。

2. 画鼻影的技巧

（1）根据妆色选择适当的影色。

（2）将影色涂在鼻梁两侧，根据鼻形需要进行上下晕染，鼻影的形与妆型要协调。

（3）在鼻梁上和鼻尖上涂亮色晕开，色彩晕染要柔和、自然。

（4）影色与亮色衔接自然，使凹凸感既明显又柔和。

另外，鼻子不高者，可由鼻根向眉头抹入深棕色的影色，鼻子两侧抹上棕色影色。然后从两眉中间沿鼻梁抹一道明亮的影色或比整体粉底颜色稍浅的粉底霜。鼻梁太宽者，用灰色眼影笔，在鼻梁的两侧勾上两条细细的直线，然后按一般规律施粉底，施完粉底后用手指将粉底与鼻侧线轻轻揉开。鼻翼较宽者，则用粉刷蘸一些浅棕色的影色在鼻翼上施入阴影，然后向内侧抹开。

六、描画眉形

眉毛是面部非常重要的部位之一,其形状不同,往往会给人不同的印象。眉毛给人的印象与眉毛的形状、宽窄、长短、疏密、曲直等因素关系密切。眉毛在脸部是横向的线索,因此在做化妆造型时,常常利用眉毛的形状和色调来调整脸形,调整眉与眼睛的间距,增强表现力,以突出造型的个性特征。眉毛的造型应该是衬托与调整整个妆面的,不能孤立出现,使妆面显得突兀,从而破坏妆面的整体感。因此,眉的描画要与眼形、脸形协调,眉色要与肤色、妆型协调,眉形的描画要虚实相映、左右相称。

1. 画眉的用具

画眉的用具主要有眉扫、眉刷和眉梳等,见表3—3。

表3—3　　　　　　　　　　画眉用具

名称	用途	保洁方法	图例
眉扫	整理和描眉毛的用具,扫头呈斜面状,毛质比眼线刷硬一些	随时保持清洁,用后放入套内。使用一段时间后,可用温水和肥皂轻轻洗净,晾干备用	
眉刷和眉梳	眉刷形同牙刷,毛质粗硬,可用于涂画眉毛或将过重的眉笔色晕染开 眉梳是梳理眉毛和睫毛的化妆用具,梳齿细密,也称睫毛梳 两者常配合使用,有的是同一件用具中的两面		

2. 描画眉形的技巧

(1) 把眉笔削成尖形或鸭嘴形,用眉刷扫掉眉毛上的余粉。

(2) 淡妆时可用羊毛刷蘸眼影粉刷描,使眉色显得自然,也可用棕色或灰色眉笔顺眉毛长势逐根描画。

（3）浓妆时先用羊毛刷蘸棕色或棕红色眼影粉涂出眉毛的底色，再用黑色眉笔逐根描画。

（4）残缺不全的眉，先用棕色或灰色眼影粉涂于眉形整体，再用眉笔在残缺的部位一根根描画。眉毛粗硬垂落的，先用眉剪将眉毛修剪整齐，再进行描画。

（5）眉色描画过浓的部位，用眉刷刷去多余的颜色，将颜色晕染开。最后用眉梳将画乱的眉毛理顺。

七、眼部化妆

1. 修饰眼睛的用具

眼部化妆时，通常会用到眼影刷、眼线刷、眼线毛笔、睫毛刷、假睫毛等，见表3—4。

表3—4　　　　　　　　　眼部化妆用具

名称	用途	保洁方法	图例
眼影刷	晕染眼影的用具，毛质柔软，顶端轮廓柔和	随时保持清洁，用后放入套内。使用一段时间后，可用温水和肥皂轻轻洗净，晾干备用	
眼线刷	化妆套刷中较细小的毛刷，用于画眼线。用它来画眼线比眼线液和眼线笔画得更柔和、更自然		
眼线毛笔	用于化妆时勾画眼部轮廓线		

续表

名称	用途	保洁方法	图例
眼影海绵	涂抹眼影的用具，为椭圆形的松软海绵，分单头和双头两种，用它涂眼影，可使眼影与皮肤更贴合	随时保持清洁，用后放入套内。使用一段时间后，可用温水和肥皂轻轻洗净，晾干备用	
睫毛夹	夹卷睫毛时使用的化妆用具，可使睫毛向上翘并产生曲线。头部呈弧形，夹口处有两条橡皮垫，使夹口结合紧密	用酒精棉球擦拭消毒	
睫毛刷	蘸取睫毛膏，涂刷睫毛，使其浓密粗黑	通常和睫毛膏盖连为一体，用后须拧紧盖好	
睫毛梳	涂上睫毛膏后应用睫毛梳将睫毛理顺，以免睫毛黏在一起，使妆面显得不够干净	随时保持清洁，用后放入套内。使用一段时间后，可用温水和肥皂轻轻洗净，晾干备用	
美目贴	用于单眼皮化妆成双眼皮或矫正下垂的眼皮	通风密闭保存	

续表

名称	用途	保洁方法	图例
假睫毛	粘贴后可使眼睛显得更有神，弥补眼睛的不足	一次性使用	
睫毛黏合剂	粘贴假睫毛用的胶水	用后立即将盖拧紧	

2. 眼部化妆技巧

眼部化妆可分为三个步骤，即画眼影、画眼线和涂染睫毛膏（或粘假睫毛）。

（1）画眼影的技巧。眼影是化妆的主要标志，也是妆形的主要区别之一。眼影的晕染可调整和强调眼部凹凸结构，调整眉眼间距和眼形，使眼睛显得妩媚动人。眼影色要与妆型、妆色、服饰色调相协调。眼影晕染符合眼形的要求。色彩过渡要柔和，多色眼影搭配时要丰富而不浑浊。

涂眼影通常有两种方法，一种是立体晕染，另一种是水平晕染。

1）立体晕染：即按素描绘画的方法晕染，将冷色或含混的使物体有后退感的颜色涂于上眼睑的外眼角、内眼角、眉骨与眼球间凹陷处及下眼睑的外眼角等部位，将亮色涂于眉骨下方和眼球中部皮肤上，影色与亮色的晕染要衔接自然，明暗过渡合理。

2）水平晕染：首先将基础色涂于上眼皮，如浅咖啡色、浅粉红色等，再将深色眼影沿睫毛根部涂抹，并向上晕染。使用的颜色越向上越淡，由睫毛根部开始，色彩由深到浅渐变，眉骨下用亮色，色彩过渡要柔和自然。

（2）画眼线的技巧。描画眼线可使眼部轮廓清晰，增强眼睛的黑白对比度，加强眼睛的神采。眼线的描画要整齐干净，眼线的形要符合眼形和个性的需要，眼线的宽窄、色调要与妆型相协调。

画眼线有两种方法，一种是用眼线笔描画，另一种是用眼线液描画。

1）用眼线笔描画：选择软芯防水眼线笔，把笔尖削薄、削细，沿睫毛根部描画，如图3—5所示，上眼线粗，下眼线略细。当笔的描画不上色时，可用笔尖蘸少许油膏后再描画。用眼线笔描画显得柔和自然，适于生活妆。

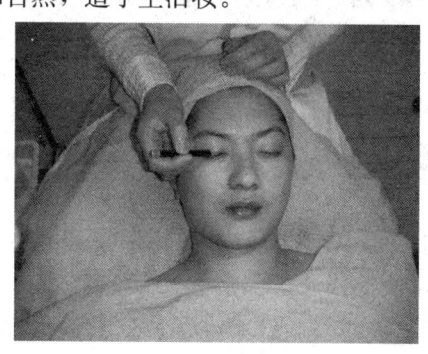

图3—5 用眼线笔描画

2）用眼线液描画：选择防水眼线液由眼尾向内眼角描画。描画时手要稳，下笔要均匀，上眼线和眼尾的描画要高于眼睛轮廓。用眼线液描画显得艳丽夺目，适于浓妆。

（3）涂染睫毛膏的技巧。睫毛膏的用途是使睫毛看起来更密、更浓、更翘、更长，从而使眼睛显得更大、更有神、更妩媚动人。

1）睫毛向下垂或自身睫毛较长者，应先用睫毛夹夹卷睫毛。操作时依次夹住睫毛根部、中部、梢部，使睫毛产生弧度向上翘，不要固定在一个部位时间过长，以防睫毛出现角形弯曲。

2）上眼睑的睫毛应用睫毛刷从根部向睫毛梢纵向涂染，边涂边转睫毛刷,如图3—6所示,下眼睑的睫毛要横向涂染。

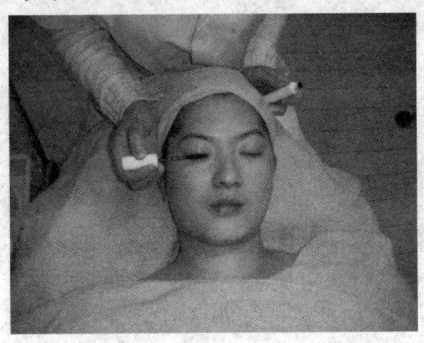

图3—6　纵向涂染上眼睑的睫毛

3)需要涂得厚些时,应先薄涂一层,在睫毛上沾少许蜜粉后,再涂染一层睫毛膏,要避免一次涂得太厚。要保持睫毛一根根的自然状态,避免黏在一起。

另外,当睫毛生长得太短或太稀少时,可借助于假睫毛进行修饰。假睫毛由真毛或人工合成毛制作而成,颜色丰富,长短不一。使用时先根据需要对成形的假睫毛进行修剪,使其与自身睫毛的角度协调一致,修剪后要有参差感,以显得自然;然后在睫毛根部涂上睫毛黏合剂,要避免涂得过多,以防外溢;用镊子夹住假睫毛,紧贴自身睫毛根部按压,粘贴牢固。

八、修饰面色、面形

面色的修饰主要靠腮红的使用,脸形的修饰则主要是靠深、浅粉底的合理运用和影色与亮色的适当点缀。

1. 修饰面色、面形的用具

修饰面色、面形通常会用到腮红刷、轮廓刷等,见表3—5。

2. 修饰面色、面形的技巧

(1)修饰面色的技巧。涂敷腮红可使人显得健康精神,弥补脸形的不足。腮红的颜色应与口红、眼影色相协调。腮红膏可用手指或海绵粉扑涂抹,粉状腮红则一定要选择腮红刷,这里主要介绍使用腮红刷涂擦粉状腮红的方法。

表 3—5　　　　　　　修饰面色、面形用具

名称	用途	保洁方法	图例
腮红刷（胭脂刷）	用于涂擦胭脂粉的刷子，其外形小于粉刷而大于轮廓刷	随时保持清洁，用后放入套内。使用一段时间后，可用温水和肥皂轻轻洗净，晾干备用	
轮廓刷	用于修饰面部轮廓的一种刷子，外形小于胭脂刷，主要用于配合阴影色或光影色使用，是调整脸形的化妆工具		

使用时，用腮红刷蘸少量胭脂粉，均匀扫在颧骨下凹陷部位，即嘴角到耳孔的连线上，然后将浅色胭脂扫在颧骨处，注意不要有边缘线。

圆形涂擦可以制造青春活泼的气质，由外向内斜向涂擦可以帮助拉长脸部轮廓提升成熟气质，平直的横向涂擦可以帮助长脸形的人调整脸部轮廓。

涂擦腮红的位置和涂擦面积的大小应依据脸形而定：一般长形脸应从脸颊部位开始向耳朵方向横向扫；方形脸使用斜形涂法，可离鼻子稍近些；菱形脸可在整个突出的颧骨部位，微呈射线状扫上腮红，可达到收敛颧骨的效果；正三角形脸则从颧骨向太阳穴方向涂擦，下面深，上面浅；倒三角形脸由太阳穴向颧骨方向涂擦，面积不能大；圆形脸可用斜形涂法或圆形涂法，后者较适合年轻女孩。

（2）修饰面形的技巧

1）当面部较宽大或局部较宽大时，在椭圆形范围内用浅色

粉底,"T"字区加亮色。在椭圆形范围外用深色粉底和影色进行收敛。

2)当面部较窄小或局部窄小时,用浅色粉底涂敷于整个面部,窄小的局部用亮色拓宽,并适当加些粉红色,使其显得宽大和饱满。

3)深浅粉底过渡均匀,衔接自然。

4)保持妆色洁净,不能因矫正脸形而使用与肤色相差悬殊的粉底色。

九、画唇

唇是常动的部位,也是展现女性美的主要部位。画唇可以使唇部轮廓显得清晰,唇色红润,弥补和矫正唇形的不足。

唇膏颜色的选择要与服装色、肤色相吻合,应与眼影和腮红属同一色系。不同年龄、不同场合下,选择唇膏的颜色也不一样,日常生活中宜选择与天然唇色相近的唇膏,而在晚宴或舞会等一些灯光型场合下则宜选择色彩强烈的唇膏。

1. 画唇用具

画唇用具主要包括唇刷和唇线笔,见表3—6。

表3—6　　　　　　　　画唇用具

名称	用途	保洁方法	图例
唇刷	唇刷的外形小于眼影刷而大于眼线刷,富有弹性,可用于涂抹唇膏,描唇线,或调出新的唇膏颜色	随时保持清洁,用后放入套内。唇线毛笔使用一段时间后,可用温水和肥皂轻轻洗净,晾干备用	
唇线笔与唇线毛笔	勾画唇轮廓线时使用,唇线毛笔常用于油妆或替代唇线笔		

2. 画唇的技巧

（1）先用护唇膏护理唇面，唇边缘涂遮盖霜。

（2）用削成鸭嘴形的唇线笔或羊毛唇笔勾画唇轮廓线。

（3）用羊毛唇笔蘸适当颜色唇膏从唇角向唇中部涂抹，由外向内涂满。

（4）化淡妆时用纸巾吸去唇面的亮光。

（5）化浓妆时在唇膏最饱满的部位涂上光油，使唇肌显得饱满，唇形富有立体感。

十、修妆、定妆

整个妆面完成之后应站得稍远一些，看妆的整体效果，看妆型、妆色是否协调，左右是否对称，底色是否均匀，如有不足可作适当修妆，最后定妆。

1. 修妆、定妆的用具

修妆、定妆常用海绵、粉扑、粉刷，有时也可适当使用以下几种用具，见表3—7。

表3—7　　　　　　　　修妆、定妆用具

名称	用途	保洁方法	图例
化妆纸	吸汗及吸去面部多余的油脂，可将双层纸夹在唇间，对抿双唇，以防止口红掉妆	一次性使用	
面油纸	名片大小，每盒约100张，携带方便，当脸上油脂分泌过多而又没有重新化妆的时间时，使用面油纸可吸去油脂又不破坏面部彩妆		

续表

名称	用途	保洁方法	图例
棉片	用于拍打化妆水，也可用于眼部、唇部乃至整个面部的卸妆，还可用于卸除指甲油	一次性使用	
棉签	用于修妆、细小部位的擦拭和眼影的晕染		

2. 修妆、定妆的技巧

整个妆面完成后，应使用定妆粉或散粉定妆，吸收多余水分和油分，让妆容保持得更加持久。一般先用粉刷蘸少量深色定妆粉（或散粉）刷在外轮廓处，注意要均匀而不露边缘线。然后用刷子蘸少量浅色定妆粉（或散粉）刷在高光处提亮。散粉宜少、宜薄，尤其是脸颊和眼部。最后用大粉刷刷去多余散粉。

另外，为使整体化妆自然和谐，还应在脖颈部位进行妆面衔接，选用比脸部基础底色深一度的颜色，用化妆海绵均匀地抹在脖颈部位，然后用定妆粉（或散粉）定妆。

模块三 不同脸形的妆型设计

一、圆形脸的妆型设计

1. 基础保养

基础保养与脸形无直接关系，主要取决于顾客的肤质，具体可参照本书第一单元模块五有针对性地选择适合顾客肤质的护肤品和护肤方式。

2. 打粉底

修饰脸形须选用深色粉底来掩饰两腮及额头两边过于宽大的缺陷，并在额头与下颌中间加白色粉底，使脸形看起来较立体、修长，而达到修容效果。

3. 描眼影

以柔色（金黄色）涂抹均匀，再以副色（淡橘色）涂在眼睑1/3眼头部位，主色（浅绿色）涂在眼睑1/3近眼尾，增强眼部自然明亮的立体效果。

4. 画鼻影

鼻影的描画主要与顾客的鼻形及妆型相关，具体可参照本单元模块二中相关内容。

5. 画眼线

圆形脸适合画长形的眼线来协调，近睫毛边缘画较自然，可美化眼部，增添眼睛的明亮度。

6. 画眉毛

常取1/2处画眉峰，带角度，两眉距离可靠近些，眉梢往上，眉毛宜短。

7. 夹刷睫毛

无论何种脸形，陪衬上浓密卷翘的睫毛，均可以增加面部的美感，具体方法可参照本单元模块三中相关内容。

8. 画口红

须以唇线笔先描绘出带微角的唇峰，上、下唇形不要画太圆，以强调唇形的个性美。

9. 刷腮红

先以大刷子蘸适量腮红，轻轻地在颧骨部位以斜向方式刷，在两颊至下颌角度明显处拉长，使脸部显得较为修长。

10. 发型设计

圆形脸须注意两侧头发不宜太短，可往上面梳，不要梳得太宽，可中分，从而使整体外形及面部显得清爽、明亮、可爱。

二、长形脸的妆型设计

1. 基础保养

参见本书第一单元模块五中相关内容。

2. 打粉底

修饰脸形须选用深色粉底来掩饰上额头及下颌过长的缺陷，并在两腮加明色粉底，使脸形看起来较丰腴。

3. 贴美目贴

可使用专用胶片剪刀来修剪，眼皮较松弛者可将美目贴贴在靠近眼尾处，年轻者将美目贴贴在中心即可。

4. 描眼影

首先选用粉红色的眼影涂在上眼皮及眼角处，然后用褐色或其他深色系的眼影以眼球为中心一直涂到眼角偏后的位置，使整个眼睛看上去更大、更有神。在下眼皮上也要涂上和上眼皮一样颜色的眼影，保持上下协调一致。

5. 画鼻影

参见本单元模块二中相关内容。

6. 画眼线

长形脸适合画椭圆形的眼线来协调。眼睛较大者，眼线宜细；眼睛较小者，眼线宜稍粗些。

7. 画眉毛

在眉毛距眉头 2/3 处取眉峰画直，形如柳叶，两眉距离宜宽、宜长。

8. 夹刷睫毛

参见本单元模块二中相关内容。

9. 画口红

须以唇线笔先描绘出带微弧形的唇峰，上唇画得要薄，不要太丰满，下唇可画丰满些。

10. 刷腮红

先以大刷子蘸适量的腮红，轻轻地在颧骨部位往耳边方向刷成椭圆形，增加脸的宽度，使轮廓看起来更立体。

11. 发型设计

须注意两颊头发不宜太长，前额可带些刘海儿，不可中分也不要梳得太高，以便掩饰过长的脸形，使整体外形及面部显得清爽、秀丽。

三、方形脸的妆型设计

1. 基础保养

参见本书第一单元模块五中相关内容。

2. 打粉底

用深色粉底来掩饰宽大的面颊，并在额头与下颌中间加白色粉底，使脸形看起来较立体，柔美瘦长。

3. 描眼影

以柔色（黄色）涂抹均匀，再以副色（淡咖啡色）涂在眼睑内侧1/3部位，主色（深紫咖啡色）涂在眼睑1/3近眼角处，使眼部自然明亮并增强立体效果。

4. 画鼻影

参见本单元模块二中相关内容。

5. 画眼线

方形脸适合画圆弧形的眼线来协调，眼线须近睫毛边缘画，可美化眼部，增添眼睛的明亮度。

6. 画眉毛

须在1/2眉峰处画圆形，若眉头粗，则适合带曲线，整个眉毛宜短些。

7. 夹刷睫毛

参见本单元模块二中相关内容。

8. 画口红

须用唇线笔先描绘出圆弧形的唇峰，上下唇形应画圆些，以便柔和脸形的角度，然后将唇形内部涂满，加适量的唇彩，增添唇部的光泽。

9. 刷腮红

用大刷子蘸取适量腮红，轻轻地在颧骨部位斜向刷，在两颊至下颌角度明显处拉长，从而使脸部看上去较为修长。

10. 发型设计

方形脸须注意两颊头发不宜太短，可垂直覆盖脸颊并往前梳，以便掩饰角度。

四、三角形脸的妆型设计

1. 基础保养

参见本书第一单元模块五中相关内容。

2. 打粉底

选用深色粉底来掩饰两腮较宽大的缺陷，并在额头两边与下颌处加白色粉底，使脸形看起来比较柔和、修长。

3. 描眼影

以柔色（金黄色）涂抹均匀后，再以副色（浅咖啡色）涂在眼睑 1/3 眼头部位，主色（浅橘色）涂在眼睑 1/3 近眼角，下眼角加少许（绿色）眼影，使眼部看上去自然、明亮，增强立体效果。

4. 画鼻影

参见本单元模块二中相关内容。

5. 画眉毛

三角形脸画眉毛，必须取 2/3 眉峰处，眉头画粗，不要向下，宜画长些。

6. 画眼线

三角形脸适合画椭圆形的眼线来协调眼睛明亮度。

7. 夹刷睫毛

参见本单元模块二中相关内容。

8. 画口红

必须先以唇线笔描绘出圆弧形的唇峰，唇形必须画丰满，下唇画椭圆形即可。然后将唇形内部涂满。

9. 刷腮红

用大刷子蘸适量腮红，轻轻地在颧骨部位斜向刷，在两颊至下颌角度明显处拉长，使脸部显得较为修长。

10. 发型设计

与方形脸的发型设计相似，三角形脸也须注意两颊头发不宜太短，可垂直覆盖脸颊并往前梳，使整体看起来温柔、大方、稳重、端庄。

五、反三角形脸的妆型设计

1. 基础保养

参见本书第一单元模块五中相关内容。

2. 打粉底

选用深色粉底来掩饰上额与颧骨过宽、下巴过尖的缺陷，并在两腮加明色粉底，使脸形看起来较丰腴。

3. 描眼影

以柔色（淡金黄色）涂抹均匀以后，再以副色（淡咖啡色）涂在眼睑1/3眼头部位，主色（枣红色）涂在眼睑1/3近眼角处，增强眼部明亮清爽的效果。有黑眼圈或眼皮凹陷者，可以白色粉底先掩饰再上眼影。

4. 画鼻影

参见本单元模块二中相关内容。

5. 画眼线

反三角形脸可依眼睛的形状来描画眼线。

6. 画眉毛

取1/2眉峰处画圆，以自然眉的形态描画，眉梢往下，不宜太长。若画细眉，眉峰要圆，眉头要细，眉峰在 1/2 处往下画，不宜太长。

7. 夹刷睫毛

参见本单元模块二中相关内容。

8. 画口红

以唇线笔先描绘出带微弧形的唇峰，可画明显些，上唇不要画得太丰满，下唇可以画丰满些。

9. 刷腮红

以大刷子蘸适量腮红，轻轻地在颧骨的上部位往耳边方向刷成椭圆形，增加脸颊的宽度，使脸部轮廓看起来更立体。

10. 发型设计

反三角形脸必须注意两颊头发不宜太长，前额可带点刘海儿，以掩饰过宽的额，使整体外形及面部显出丰腴、可爱、典雅以及秀丽的风采。

六、菱形脸的妆型设计

1. 基础保养

参见本书第一单元模块五中相关内容。

2. 打粉底

选用深色粉底来掩饰颧骨及下颌，并在额头与两颊两边加白色粉底，使脸形看起来比较柔和、丰腴。

3. 描眼影

以柔色（淡蓝色）加少许的乳白色在眉骨下抹均匀，再以副色（桃红色）涂在眼睑 1/3 眼头部位，眼睑中可加点金色眼影，主色（紫罗兰）涂在眼睑 1/3 近眼角。

4. 画鼻影

参见本单元模块二中相关内容。

5. 画眼线

菱形脸可依眼睛的形状来描画。若眼睛较大，眼线宜画细线条；若眼睛较小则可画粗些。画眼线必须近睫毛边缘画，这样较自然，可美化眼部，更增添眼睛的明亮度。

6. 画眉毛

菱形脸画眉毛，于眉毛 1/2 处稍外画眉峰，画三角形可表现出个性。

7. 夹刷睫毛

参见本单元模块二中相关内容。

8. 画口红

以唇线笔描绘出带微弧形的唇峰，可画丰满一些。

9. 刷腮红

用大刷子蘸适量的腮红，轻轻地在颧骨部位往耳边方向刷成椭圆形。腮红可加深以掩饰颧骨的突出，并可增强脸形的柔和度，使轮廓看起来更立体。然后再以大刷子蘸些颗粒粉彩全脸轻刷，使脸部皮肤色彩更为透明、自然。

10. 发型设计

菱形脸必须注意两旁头发不宜太薄，上方要尽量梳齐一些，使整体设计及面部显得柔美秀丽。

七、椭圆形脸（标准脸形）的妆型设计

1. 基础保养

参见本书第一单元模块五中相关内容。

2. 打粉底

于两颊部位选用深色粉底来稍微修饰，即可使脸形达到立体的效果。

3. 画鼻影

参见本单元模块二中相关内容。

4. 描眼影

使用红彩油质眼影（桃红色）打底，再用蜜粉轻按。以柔色（淡粉色）涂抹均匀，再以副色（桃红色）涂在眼睑 1/3 眼头部位。在眼睑中间，可加点粉白色眼影，主色（宝蓝色）涂在眼睑 1/3 近眼角处，下眼角加紫蓝色眼影。

5. 画眼线

可依眼睛形状来描画。

6. 夹刷睫毛

参见本单元模块二中相关内容。

7. 画眉毛

画自然眉形。

8. 画口红

以唇线笔先描出标准的近似花瓣形的唇峰,再将唇形内部涂满口红,加适量唇彩。

9. 刷腮红

用大刷子蘸适量腮红,轻轻地在颧骨部位往耳边方向刷成椭圆形。再用大刷子蘸些颗粒粉彩,全脸轻刷,使脸部皮肤色彩更透明、靓丽。

10. 发型设计

若要显得高贵、华丽,可将头发整个盘起来,留少许的发须再利用鲜花做成发饰来衬托,以适度表现出成熟、妩媚的气质。

模块四 日妆与晚妆

在日常生活和工作中,每个人的修饰打扮、仪表风度、举止言谈构成每个人独特的外部形象,同时也反映了人的修养与内涵。美容化妆是一种修饰美化艺术,不同的场合应施以不同的装扮,才能使之藏缺扬优,起到美化形象的作用。一般来说,美容化妆可分为日妆和晚妆两大类。

一、日妆

日妆也称为淡妆或生活妆,用于一般人的日常生活和工作,不需要太复杂的技巧,以简单为原则,表现在自然光和柔和的灯光下,妆色清淡典雅、自然协调,是对面容的轻微修饰与润色。

1. 涂敷粉底

调整肤色是化日妆的重要内容。干性皮肤选择粉底霜,油性皮肤用粉底液或粉饼,红脸膛或微细血管外露的皮肤用淡绿色粉底,黄灰皮肤选择粉红色粉底,偏黑的皮肤用颜色略深的粉底。

粉底涂敷得要薄且均匀,展示皮肤的自然光泽,尤其是有皱褶的皮肤部位,厚厚的粉底反而会使皱褶显得更为严重。

2. 施粉

可避免粉底的油光感,使底色自然柔和,粉质要细而透明,扑粉要薄而均匀。

3. 画鼻影

鼻侧影的修饰要浅淡、自然,不能为了矫正鼻形而显出较深的阴影色,否则会使面部显得不洁净和有生硬感。

4. 眼部的修饰

眼部化妆修饰方法不同是日妆与晚妆的主要区别。

(1) 眼影。色彩运用要柔和,色彩搭配要简洁,肿眼泡儿或眼袋下垂者,为避免问题加重,眼影色忌用红色。

(2) 眼线。上眼线线条要细,紧贴睫毛根部描画,不能为了改变眼形而将眼线拉得过长或挑得过高,下眼线的描画要浅淡,一般描画到从外眼角起的 1/3 部位或 1/2 部位。

(3) 涂染睫毛膏。夹卷睫毛后涂染睫毛膏,可以使眼睛显得富有魅力,但应避免涂得过厚,不宜粘贴假睫毛。

5. 眉的描画

可用灰色眉笔或棕色眉笔轻轻描画,再用眉刷晕开;或者用棕色、灰色眼影粉涂在眉毛部位,显得自然柔美。

6. 涂腮红

化日妆时,腮红宜浅淡或不涂。

7. 唇的修饰

用唇线笔蘸唇膏勾出唇轮廓,再填充整个唇部。涂唇膏后用纸巾将唇部过亮的油彩吸掉,使嘴唇显得健康而自然。

8. 衔接妆面

用化妆海绵蘸深色粉底,以比基础底色深为佳,轻轻涂抹在脖颈部位,再用粉扑蘸定妆粉定妆。

二、晚妆

晚妆多为浓妆,用于夜晚和较强灯光下及气氛热烈的场合,显得华丽而鲜明。妆色要浓且艳丽,色彩搭配可丰富协调,明暗对比略强。五官描画可适当夸张,面部凹凸结构可进行适当调整。

1. 涂敷粉底

遮盖瑕疵、改善皮肤颜色和质感是化晚妆的基础。粉条和膏状粉底遮盖性强,可使皮肤显得细腻,适于晚妆应用。但由于晚妆所处的场合灯光较强,粉底颜色宜深些、红润些,从而避免在强光下皮肤显得苍白无色。涂敷时,色斑皮肤应先涂遮瑕膏遮盖色斑部位;微细血管外露的皮肤或红脸膛者应先涂一层淡绿色或淡蓝色底霜矫正肤色;肤色较黑的皮肤应先涂一层接近肤色的底色,再用粉条或膏状粉底遮盖。

2. 施粉

施粉可防止粉底脱落、妆走形。但施粉后会使妆面产生朦胧感,缺少靓丽效果,此时可用潮湿的毛巾在施粉后的妆面上轻轻按一按,这样既可防止妆面脱落又可保持靓丽的光泽。

3. 画鼻影

鼻侧影的晕染可根据鼻形需要给以适当矫正,影色与亮色应协调应用,使鼻梁达到挺拔的效果。

4. 眼部的修饰

眼部的修饰是展示浓妆特点的首要部位,具体原则如下:

(1)眼影。色彩运用应明朗,对比效果较强,色彩搭配要丰富、协调。可根据不同眼形条件给以不同的修饰,增强眼部的凹凸效果。

(2) 眼线。眼线的描画可根据眼形需要进行适当的矫正,线条可适当粗些,色彩宜鲜艳。

(3) 睫毛。可粘贴假睫毛,但要与自身睫毛浑然一体,睫毛的颜色可用黑色或蓝色。若涂抹睫毛膏,可涂厚些使睫毛显粗,但应分两次涂。

5. 眉的描画

化晚妆时,眉的描画要鲜艳,线条要清晰。先用眉刷蘸少许棕色或灰色眼影粉涂刷在眉毛处作底色,再用黑色或深棕色眉笔一根根地进行描画,使眉形富有立体的虚实感。

6. 涂腮红

可根据脸形需要将适当颜色的胭脂涂刷在相应部位,用于调整和弥补脸形的不足,改善面部凹凸层次。

7. 唇的修饰

化晚妆时,唇的轮廓要清晰,色彩宜艳丽。首先用粉底或遮瑕霜涂敷在需要矫正的唇边缘,用唇线笔勾画轮廓,然后在轮廓内填满唇膏,并涂上光油。

8. 刷轮廓红

根据脸形的需要在发迹边缘或颈部涂刷轮廓红。

9. 衔接妆面

与化日妆衔接妆面方法相同。

 知识链接

化妆皮肤的保养

健康的皮肤是化妆美的基础,由于皮肤具有呼吸和排泄的功能,当化妆品长时间附着于皮肤表面时,会影响皮肤正常的呼吸与排泄,使皮肤产生红疹、皮癣、皮炎,甚至暗疮

等病理现象。若长期化妆而不及时卸妆，还会使皮肤产生色素沉淀，形成色斑。适时地、科学地卸妆，是保养皮肤、保证化妆美的重要因素。

长期化妆会使人的皮肤每天都与粉饰化妆品接触，粉饰化妆品不仅含有一定量的色素，还会影响皮肤的正常呼吸与排泄，长此下去则使健康的皮肤显得灰暗无光。因此，对化妆的皮肤应给以适当的保养与护理，使其保持健康状态。

• 适时卸妆。健康的皮肤在化妆1小时后，妆色最美，这是由于化妆后，皮肤分泌物与粉饰化妆品产生亲和性的效果，但化妆4小时后，就应把妆卸掉，尤其是油性皮肤和粉底较厚的浓妆。如不及时卸妆，就会影响皮肤的呼吸与排泄。

• 就寝前卸妆。当人处于睡眠状态时，正是皮肤进行修复的时候，睡前一定要把妆卸掉，将皮肤清洗干净。

• 科学使用化妆品。化妆前必须用化妆水和护肤品护肤，再根据皮肤性质选择粉饰类化妆品进行化妆。

• 定期做皮肤护理。每周做一次面部皮肤全面护理，3～5天做一次清洁性面膜美容。

第四单元 修饰美容

修饰美容是指美容师在人体美学理论指导下，采用一些非医疗手段，在个人原有的基础上，对人体外貌与形体加以修饰、完善的技术。本单元主要介绍手部护理、指甲修理、脱毛、穿耳孔、烫睫毛等修饰美容技能。

模块一 手部护理

手部护理的主要技能是手部按摩，进行手部按摩前应先对顾客手部进行清洁和去角质。首先在顾客手部及臂部涂抹洗面奶，接着按照前臂→手掌→手背→手指的顺序进行清洁，然后涂抹磨砂膏，顺序与涂抹洗面奶的顺序相同。清洁和去角质可参考下面介绍的手部按摩的动作要领进行操作。在清洁和去角质后即可进行手部按摩，具体操作如下。

一、按摩手指

如图4—1所示，美容师左手托住顾客的手，右手拇指、食指夹住顾客的手指，并用拇指在顾客手指背侧，由指尖开始向上打小圈，按摩至指根部，接着用力攥住手指拉回指尖，在指尖部加力。接着从指尖部向上打圈，按摩顾客手指两侧，至指根后，右手翻转180°。最后用指根部夹住被按摩手指，按摩时由小指向拇指依次按摩。

注意事项：按压可稍用力，但旋转用力要小，避免扭伤顾客手指。

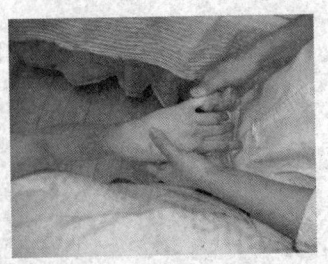

图 4—1　按摩手指

二、按摩手背

如图 4—2 所示，顾客手背向上，美容师用双手的四指托住顾客的手，用双手拇指交替沿各掌骨之间，从顾客指根部向外上方打弧线，至腕部按摩顾客的手背部，然后分别用双手拇指点按合谷穴（位于手背虎口后方，第二掌骨中点桡侧凹陷处）和中渚穴（位于手背第四、五掌骨之间，掌指关节后方凹陷处）。

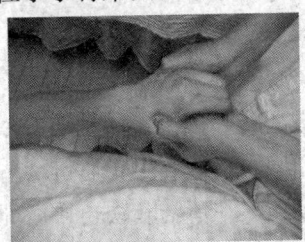 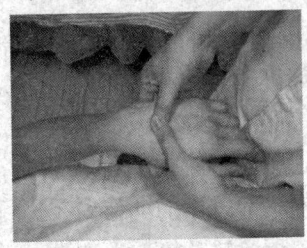

图 4—2　按摩手背

注意事项：按揉沿掌骨方向，穴位按压时间要稍长些。

三、按摩手掌

如图 4—3 所示，顾客手掌向上，美容师双手托住顾客的手，并将顾客的拇指、小指分别卡于美容师的无名指和小指之间，用拇指在顾客的手掌部交替向外上方打圈，并揉按劳宫穴（位于手心，微握拳中指尖正对处，当第二、三掌骨之间）。

四、按摩手臂

美容师用双手手掌全掌着力，交替自顾客腕部沿手臂向上抹

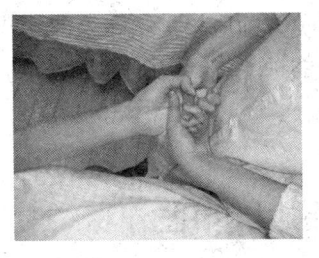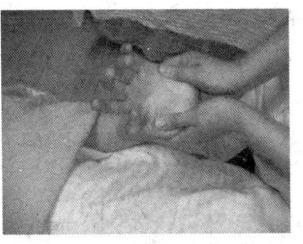

图 4—3　按摩手掌

至肘部，然后翻掌至顾客手臂下方，沿掌侧手臂抹下至顾客手腕部。

接着，用双手四指托住顾客手臂，用双手拇指由顾客腕部沿手臂交替向外上方打小圈，按摩至肘部后，将顾客的手翻面，为顾客按摩手臂的另一侧。

五、按摩手腕

如图 4—4 所示，美容师左手托住顾客的右肘，将顾客的前臂竖起，右手与顾客右手指交叉，然后右手四个手指用力向前下方压顾客的右手，与此同时美容师右手的指根部尽力向上抬，将顾客的手指向手背方向推，接着将顾客的手掌尽力向手背方向推，活动顾客的腕部。

六、活动手臂各关节

如图 4—5 所示，美容师捏住顾客手指，快速抖动手臂。

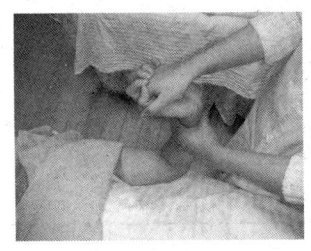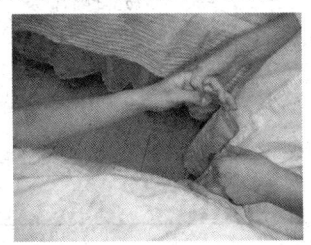

图 4—4　按摩手腕　　　　图 4—5　活动手臂各关节

至此，手部按摩结束，此时美容师应根据顾客手部皮肤状况或顾客要求为其选择并涂抹适合的护手霜，以保护、滋养手部皮肤。

模块二 指甲修理

一、常用修甲工具

常用修甲工具主要有甲剪、甲铲、甲皮镊等，具体见表4—1。

表4—1　　　　　　　　常用修甲工具

名称	用途	保洁方法	图例
甲剪	修剪指甲形状	每次使用后用消毒棉球擦拭。使用一段时间后，需用器械消毒液浸泡消毒	
甲皮剪	修剪甲皮		
甲锉	磨平指甲边缘，并可用做指甲整形		
甲铲	推起甲皮		
甲垢勺	剔除甲缘夹缝中存留的甲垢		
甲皮夹刀	除去指甲两边皮肤多余的角质物		
甲皮镊	夹起不易剪掉的甲皮		
甲皮刻刀	刻去甲皮		
细驼毛刷	用于涂刷指甲油	通常和指甲油盖连为一体，用后须拧紧盖好	

二、指甲的形状

1. 椭圆形指甲

会增加手指的长度感，改善短粗手指的形象。

2. 自然形指甲

可依指甲的自然长势进行修剪。自然形指甲的长度略超过指尖,指甲的顶端呈圆弧势。

3. 方形指甲

方形指甲比较适合指甲偏窄的人。

4. 尖形(心形)指甲

尖形(心形)指甲可以使手显得修长,玲珑秀美。

三、指甲油颜色的选择

1. 自然色系

以肉色为主,分为浅红色、中性浅红色、透明无色等,适用于中老年妇女及健康状况不佳的人。

2. 暖色系

主要包括朱红、大红、橘红、棕红等暖红色,适合在晚宴、婚宴、舞会及特定的社交场合使用。

3. 冷色系

玫瑰红、紫红及偏紫、偏玫瑰红色的指甲油属冷色调,适用于皮肤白皙的人,或者要达到与服装的色调相协调,可用冷色系指甲油。

4. 珠光色系

在指甲油里加入金、银彩色亮珠,涂在指甲上,具有装饰性。

四、修甲的程序与操作方法

1. 首先用棉棒蘸洗甲水将指甲上残存的指甲油擦去,然后清洁双手。

2. 用甲剪将指甲修剪成理想的形状,然后用甲锉将修剪后的甲缘锉光滑,如图4—6所示。

3. 用温软皂水浸泡指甲5~10分钟,使甲皮松软,细嫩的皮肤浸泡时间略短,粗糙的皮肤浸泡时间略长。浸泡后擦干,涂护肤霜。

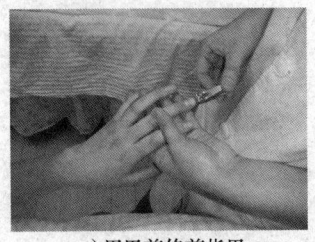 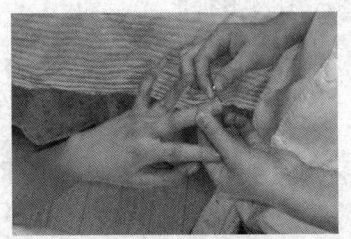

a) 用甲剪修剪指甲　　　　　　b) 用甲锉将甲缘锉光滑

图 4—6　用甲剪和甲锉修理指甲

4. 用甲铲推起贴于指甲上的甲皮。

5. 用甲皮剪将甲皮及指甲两边的老皮剪去，再用甲皮钳将多余的角质除去。

6. 用甲垢勺剔除残留于甲缘夹缝中的甲垢。

7. 将润肤霜涂于双手并进行简单的手部按摩。

8. 薄而均匀地涂护甲油打底，待护甲油干后方可涂指甲油。

9. 涂指甲油，如图 4—7 所示。将瓶内指甲油摇匀，用小刷子蘸适量指甲油，从指甲中间的根部开始，先涂一笔，然后沿指甲两侧各涂一笔。指甲油要涂得薄而均匀，要一笔到底。若涂第二遍指甲油，一定要待前次指甲油干后再涂，指甲油未干前不可触碰。

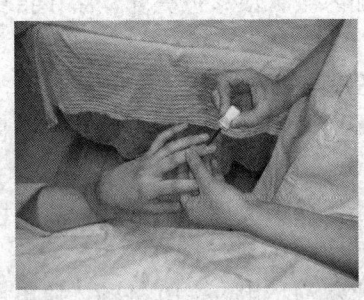

图 4—7　涂指甲油

10. 用棉棒蘸洗甲水擦去指甲边缘多余的指甲油，待指甲油完全干后涂指甲亮光剂即可。

五、修甲的技术要求

修剪后的指甲应外形美观，适合手形，指甲内外轮廓整齐均匀，颜色协调。修甲的难点在于甲皮的剪切与上油技巧，应反复练习。

模块三 脱 毛 术

常用的脱毛方法有永久性脱毛和暂时性脱毛两类。永久性脱毛是利用仪器破坏毛囊，使毛发脱去，并且不再长出新毛。暂时性脱毛是利用脱毛蜡、脱毛膏等将毛发暂时脱去，但不久后还会长出新毛。

一、永久性脱毛法

1. 永久性脱毛的原理

永久性脱毛的原理是，利用脱毛机产生超高频振荡信号，形成静电场，作用于毛发，将其拔除，并破坏其毛囊和毛乳头，使毛发不能再生。

2. 永久性脱毛的方法

永久性脱毛常用美容脱毛机，其使用方法为：

将仪器定时5秒钟，用输电钳夹住要脱的毛发，通电5秒后，仪器自动发出报警声，即可拔除毛发。

这种脱毛方法无痛苦，不损伤周围皮肤，常用于脱去腋毛、倒长的睫毛及杂乱生长的眉毛等。

二、暂时性脱毛

1. 化学脱毛剂脱毛

化学脱毛剂包括脱毛液、脱毛膏及脱毛霜等。其中含有能够溶解毛发的化学成分，可溶化毛干，达到脱毛的目的。此种方法多用于脱细小的绒毛，经常使用可使新生毛发变稀、变轻。

（1）操作步骤

1）清洁需脱毛部位。

2）将脱毛膏（霜）顺毛发生长方向涂于需脱毛部位的皮肤上。

3）10分钟后，用扁平刮板逆毛发生长方向将药膏及毛发刮下。

4）用温水清洗脱毛部位皮肤。

5）涂抹护肤霜。

（2）注意事项

1）化学脱毛剂对皮肤刺激性较大，过敏性皮肤不宜使用。

2）不同的化学脱毛剂的药力强度不同，所以涂在皮肤上等待的时间也不同，使用前应仔细阅读说明。

3）化学脱毛剂对皮肤刺激性较大，长时间附着于皮肤上，会伤害皮肤，故在使用时，其附着于皮肤的时间不可过长，应及时彻底清洗干净。

4）一般情况下化学性脱毛剂只适用于脱细小的绒毛。

5）上唇部皮肤较敏感，一般应避免使用化学脱毛剂。

2. 石蜡脱毛

（1）冷蜡脱毛法。这种方法是美容院常用的脱毛方法，能达到暂时性脱毛效果，快速简便、痛感小，但成本较高。其难点在于对技术方面要求较高，关键是打蜡要正确，掌握要领，冷蜡应打厚，以便于在不同情况下均能揭掉蜡块。冷蜡的主要成分为多种树脂，黏着性强，可溶于水，呈胶状，使用时不用加热，可直接涂于脱毛处皮肤，并与皮肤紧密黏着，无不适感，适用于敏感部位皮肤的脱毛。其操作方法如下：

1）将需脱毛部位薄涂一层爽身粉，吸去油脂，起到隔离蜡与皮肤的作用。

2）用扁平的刮板将冷蜡顺毛发生长方向薄而均匀地涂于皮

肤上。

3）将纤维纸平铺于蜡面上，并轻轻按压，使之与皮肤贴紧。

4）一手按住皮肤，另一手执纤维纸边，逆毛发生长方向快速揭下，毛发即可黏附在冷蜡上而被清除。

5）脱毛后要清洁皮肤，涂上润肤霜。

（2）热蜡脱毛法。热蜡为蜂蜡与树脂混合而成，一般呈固体状态，使用前需加热熔化，待温度降到适宜时，方可涂在皮肤上。它成本较低，用过的蜡经过消毒、加热、滤去毛发后可重复使用（但脱过阴毛的蜡必须丢弃），但操作较麻烦，且应熟练、准确地掌握蜡的温度，以免因过热灼伤顾客，或因过凉影响脱毛效果。其操作方法如下：

1）用熔蜡器将蜡块加热熔化。

2）将欲脱毛处皮肤清洁干净。

3）在欲脱毛处均匀地涂一层爽身粉。

4）待蜡降至适宜温度时，用刮板将蜡顺毛发生长的方向薄而均匀地涂于脱毛部位皮肤上。

5）将纤维纸平铺于蜡面上，轻按压实。

6）一手按住皮肤，另一手持纤维纸边，逆毛发生长的方向快速揭下。

7）将脱毛部位清洗干净后涂护肤霜。

三、四肢部位脱毛

四肢部位脱毛在美容院脱毛服务中最为普遍。脱毛前美容师应仔细观察脱毛部位毛发的生长情况，并根据顾客的需要和毛发生长的快慢来提供服务。

1. 准备工作

（1）帮助顾客躺好，露出需脱毛的部位。

（2）用熔蜡器将蜡块熔化，备用。

（3）清洁欲脱毛部位的皮肤。

（4）用粉扑将爽身粉薄而均匀地涂于四肢需脱毛部位的皮

肤上。

2. 操作步骤

（1）用扁平刮板刮取少量脱毛蜡，与皮肤呈 45°角，顺着毛发生长方向薄而均匀地涂开。

（2）将纤维纸平铺在蜡面上，轻按压实。

（3）一手按住皮肤，另一手将纤维纸逆毛发生长的方向快速揭下。

（4）将脱毛部位清洗干净后涂护肤霜。

3. 注意事项

（1）涂脱毛蜡一定要顺着毛发生长方向，揭纸时要逆毛发生长方向。

（2）揭纸动作要快，否则顾客会感觉疼痛。

（3）脱毛要彻底，脱毛部位不能有残余毛发。

（4）使用热蜡时，温度不要过高，避免烫伤皮肤。

（5）涂热蜡时动作要快，以免因蜡冷却凝固而影响脱毛效果。

四、脱腋毛

许多女性顾客喜欢用刮或拔的方式处理腋下不雅观的毛发，这样容易引起发炎，也容易导致毛发向内生长，而冷蜡脱毛不仅更为安全、可靠，保持的时间也会更长。

1. 准备工作

（1）加热熔化蜡块。

（2）将腋毛剪短。留约1厘米长即可，以方便涂蜡，并增加蜡的附着力。

（3）清洁欲脱毛部位皮肤，涂爽身粉。

2. 操作步骤

脱腋毛操作步骤如图 4—8 所示。

3. 注意事项

（1）腋下毛发向各个方向生长，在打蜡前须仔细观察毛发的生长方向。

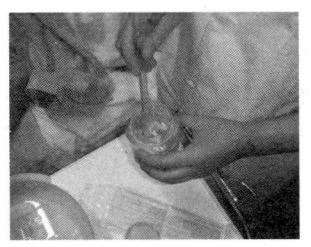
步骤一：用扁平刮板刮取少量脱毛蜡

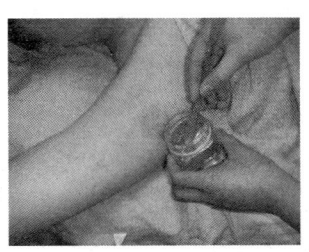
步骤二：与皮肤呈45°角将其顺着毛发生长方向薄而均匀地涂开

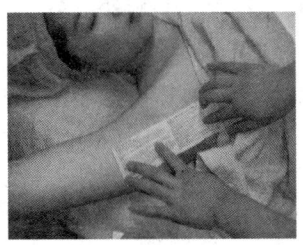
步骤三：将纤维纸铺在蜡面上，轻按压实

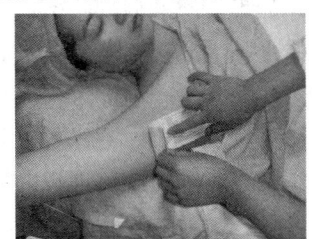
步骤四：一手按住皮肤，另一手将纤维纸逆毛发生长的方向快速揭下

图4—8 脱腋毛操作步骤

（2）修剪腋毛要长短合适，太长或太短均会影响脱毛效果。

（3）腋部皮肤较敏感，每一次脱毛面积要小，逐步进行，直到完全脱净为止。

五、脱唇毛

唇部皮肤非常敏感，脱毛时易变红甚至轻微发肿，须格外小心。

1. 准备工作

1）加热熔化蜡块。

2）清洁欲脱毛部位皮肤，涂爽身粉。

2. 操作步骤

同四肢部位脱毛方法。

3. 注意事项

（1）上唇左右两侧毛发生长的方向不同，在脱毛过程中应注意观察，分别进行。

（2）唇部皮肤较敏感，用蜡脱毛时，要一小片、一小片地脱。

（3）唇毛细而柔软，采用化学脱毛剂具有不易引起疼痛的特点，且效果更佳，但脱毛后应及时用清水清洗干净，以免刺激皮肤。

六、脱眉毛

如果顾客的眉毛很浓而且不规则，长出一般眉线之外，可先用蜡来除去部分眉毛，然后再用镊子进行修理。这种方法简便、快速，尤其适合眉毛浓密而且杂乱的人士，具体操作步骤如下。

1. 准备工作

先用眉笔勾画出理想的眉形，在欲去除的散眉处扑少量爽身粉。

2. 操作步骤

（1）检查顾客历史记录，确保不会有过敏反应，征询顾客意见。

（2）将脱毛蜡顺眉毛生长方向薄而均匀地涂开。

（3）将纤维纸平铺在蜡面上，轻按压实。

（4）逆眉毛生长的方向将纤维纸快速揭下。

（5）用眉钳拔去残余散眉，修整眉形。

3. 注意事项

（1）眉形与人的外貌密切相关，脱散乱眉毛时应特别注意对眉形的影响，涂蜡面积切不可太大。

（2）如果眉毛生长不是很乱，最好不用脱毛蜡，而用眉钳修整即可。

模块四 穿 耳 孔

一、确定耳孔位置

1. 每耳穿一孔

想象在耳垂上画一个圆,在圆内划个"井"字,将圆分为9份。其耳孔宜打在内、上的交点旁的 A 点,如图 4—9a 所示。

2. 每耳穿两孔

耳孔 A 打在靠近外、上交点的内、下侧,耳孔 B 打在靠近内、下交点的外、上侧,如图 4—9b 所示。

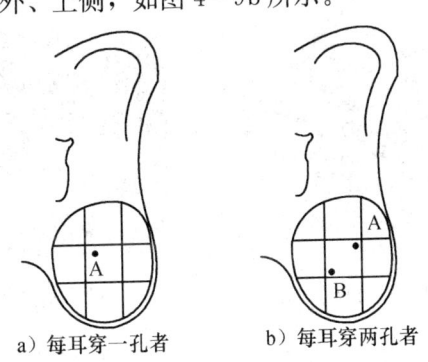

a)每耳穿一孔者　　b)每耳穿两孔者

图 4—9　确定耳孔位置

二、穿耳孔的操作方法

一般的穿耳孔方法有针刺法、耳钉枪穿耳孔法、激光穿耳孔法等,本节主要介绍目前应用最为广泛的耳钉枪穿耳孔法。该法用图 4—10 所示的耳钉枪穿耳孔,速度很快,一般没有明显的疼痛感,且不流血。

1. 准备工作

(1) 准备耳钉枪、耳钉、记号笔、泡镊桶及镊子、碘伏或 75%酒精、消炎药膏等用品。校对、调整耳钉枪准确度。

（2）美容师消毒双手及耳钉枪、耳钉等相关工具，将耳钉浸泡在75%的酒精中待用。

（3）用75%酒精或碘伏消毒两侧耳垂及周围皮肤。

（4）用记号笔在耳孔上定位，注意耳孔的左右对称。

（5）将枪栓拉开，用镊子将消毒后的特制防敏耳钉装入枪孔，耳钉上可再涂一些消炎药膏，起到润滑、消炎的效果。

2. 操作程序

（1）美容师手持耳钉枪，对准耳垂面耳孔定位点，使耳钉与耳孔定位点保持垂直。

（2）左手固定耳垂但不可用力牵拉，右手将枪持稳，食指扣动扳机，将耳钉射入耳垂，如图4—11所示。

图4—10　耳钉枪

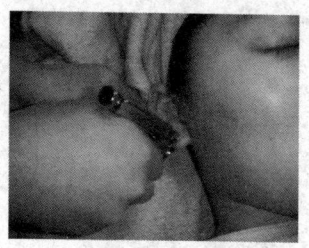
图4—11　使用耳钉枪穿耳孔

（3）将耳钉枪轻轻拿开，并在耳孔前后涂抹消炎药膏。

3. 注意事项

（1）操作过程自始至终应严格消毒。

（2）耳孔定位时，应注意定位点保持左右对称，并请顾客确认。

（3）穿耳孔时不可用手牵拉，扣动耳钉枪的扳机时，务必使枪与耳垂面垂直，以免造成耳孔错位或偏斜。

（4）用耳钉枪射耳钉时，持枪要稳，扣动扳机时只有食指动作，手腕不可晃动。

三、穿耳孔后的日常护理

穿耳孔后，美容师应告之顾客正确的日常护理方法：

1. 穿耳孔后一周内，保持耳孔周围清洁、干燥，不可着水。可用棉棒蘸酒精擦拭耳垂，清理耳孔前后的分泌物，并在耳孔前后涂抹红霉素眼膏，防止感染发炎。

2. 每日将耳钉旋转1～2次，并在耳孔前后两端分别涂上红霉素眼膏，防止耳部的分泌物与耳钉凝结，影响恢复。

3. 为防止耳孔进水，在洗脸或洗澡前可先将耳孔前后两端厚涂油质红霉素眼膏。由于油不溶于水，故能起到一定的保护作用。但洗后应立即将耳钉取下，彻底清洗、消毒，并用棉球把耳孔周围残留的眼膏清理干净，将耳钉涂上眼膏后重新穿入耳孔。

4. 穿耳孔两周后方可更换金、银等防过敏耳饰，两月后可更换一般耳饰，半年内不可将耳饰长时间取下，否则耳孔会重新长上。

模块五　烫睫毛

烫睫毛主要是指用化学或物理的方法使睫毛上翘，其原理与烫发相同，即利用特制的卷芯、药水，将眼睫毛卷起，固定弯度，使眼睫毛在一定时期内保持翘立弯曲。

一、烫睫毛的作用

1. 使天生平直的睫毛自然向上卷翘弯曲，看上去有加长的感觉。

2. 眼睫毛自然向上翻卷时，眼部轮廓看上去会有增大的感觉，使人的眼睛看上去更大，更有神韵。

3. 烫卷后的睫毛一般能维持2～3个月，既免去了每日夹眼睫毛的麻烦，又达到了美化的目的。

二、烫睫毛的主要用品、用具

1. 烫睫毛药膏（水）

烫睫毛是在眼睛上进行，因此，其药膏（水）必须是特制的。药膏（水）中所含的刺激成分远远低于烫发药水，效力持久，不需要加热。一般情况下，一套烫睫毛膏（水）中应有冷烫膏、护眼液、定型液和洗眼水四种药品。其中护眼液和清洁液可用眼药水代替。使用前要注意看说明书。

2. 卷芯

卷芯分粗、中、细三个型号，使用时根据顾客眼睫毛的长短适当选择。睫毛较长者宜选择较粗卷芯，睫毛适中者宜选择中号卷芯，睫毛较短者宜选择较细卷芯。

3. 辅助用品

烫睫毛的辅助用品有专用胶水、棉片、毛巾、纸巾、牙签、棉棒（棉签）、塑料膜、小剪刀、小镊子、睫毛梳、睫毛膏等。

三、烫睫毛方法与操作

烫睫毛的方法有电烫法和冷烫法两种，前者主要是将上好卷的睫毛用红外线照射加热，后者则是用专用的化学制剂——冷烫液烫睫毛。冷烫睫毛的方法应用较广泛，目前大多数美容院都采用这种方法，这里主要介绍冷烫睫毛的操作方法。

在烫睫毛前，首先应对顾客眼部卸妆，彻底清洁后用1‰新洁尔灭消毒眼部皮肤，看其眼部是否有疾患，如眼部健康，才可进行以下烫睫毛操作。

烫睫毛的操作步骤如图4—12所示。

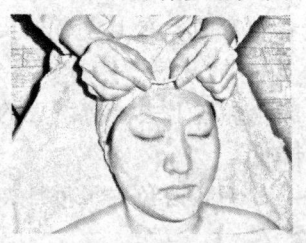

步骤1：选择粗细适宜的卷芯，将之剪成与睑缘相等长度，顺着睑缘的自然弧度弯成一定形状

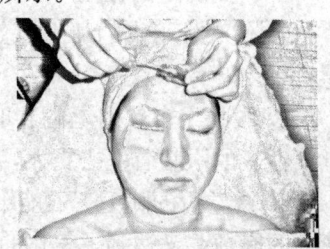

步骤2：往卷芯上涂抹胶水

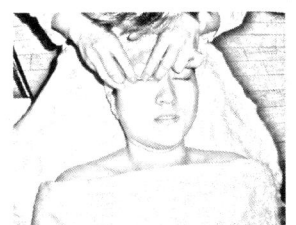

步骤3：把卷芯紧贴于睫毛根部

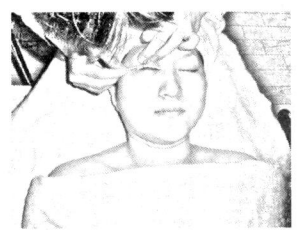

步骤4：将睫毛贴在卷芯上

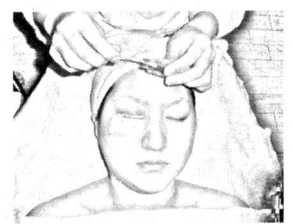

步骤5：用干净棉片滴上护眼液盖在下眼睑处，以棉棒蘸取冷烫膏

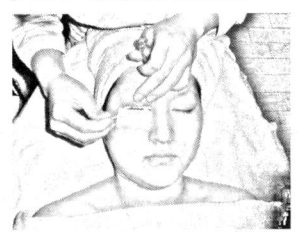

步骤6：均匀地涂敷冷烫膏

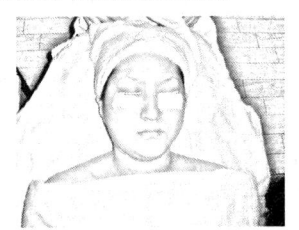

步骤7：另一侧依步骤1～6操作

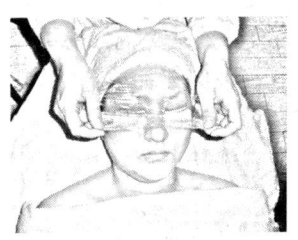

步骤8：为减少药物挥发，应覆盖保鲜膜

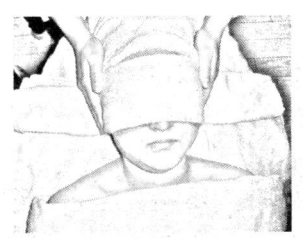

步骤9：加盖一条毛巾，隔离、避光，静置15～20分钟

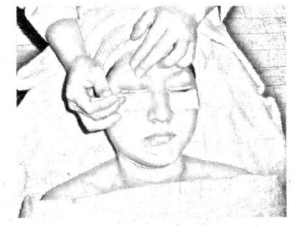

步骤10：用棉棒蘸洗眼水将冷烫膏擦净后，用另一棉棒蘸取定型水，均匀地涂抹在睫毛上

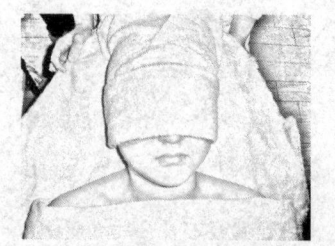
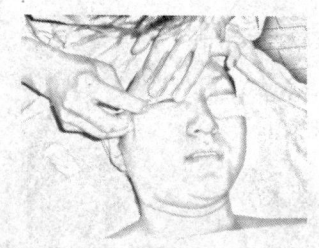

步骤11：再次覆盖保鲜膜，并加盖毛巾，静置20分钟

步骤12：用棉棒蘸清洁液将定型水清洗干净后，轻柔地用牙签一根根把睫毛从卷芯条上剥离，再将卷芯揭下，或用棉棒蘸清洁液，轻轻将卷芯推下

图4—12　烫睫毛的操作步骤

以上操作完毕后，用眼药水冲洗眼睛，然后用小眉梳将卷好的睫毛梳理好。需要时还可刷上睫毛膏，使效果更加明显，保持时间更长。

四、烫睫毛的注意事项

1. 眼部红肿或患有其他眼睛疾病或皮肤对冷烫精过敏者，均不宜烫睫毛。

2. 产品使用前应注意看说明书，必须检查药液是否过期，药液有效期一般为1～3年。

3. 上卷时，要细心地将睫毛一根根理顺卷于卷芯上，否则，烫过的睫毛会出现杂乱的现象，同时切记不要将下眼睫毛卷于卷芯上。

4. 烫睫毛的药水用量要适当，不要流入顾客眼中。

5. 取卷芯时务必小心，避免将顾客睫毛扯掉。

6. 不可过度频繁地烫睫毛，以免损伤睫毛。

7. 操作时注意保护瓶中剩下的药液，不要使其受到污染，用后要将瓶口盖紧。冷烫药水要放置在干燥阴凉避光处，防止失效。